KB016550

「일류」를 알아야만
그 장르의 깊이를 알 수 있다.

# PROLOGUE

2018년 뉴욕에서 열린 와인경매에서 역사적인 순간이 탄생했다. 바로 1945년산 로마네 콩티가 와인 역사상 최고 낙찰가를 갱신한 것이다.

그 가격은 1병에 무려 55만8천 달러. 환산하면 약 6억3천만 원이다. 와인 1병이 6~7잔 분량이니 **글라스 1잔에 약 1억 원**이라는 경이로운 가격에 낙찰된 것이다.

물론 1945년산 로마네 콩티는 「존재 자체가 환상」인 희소가치가 높은 와인이며, 이 정도로 비싼 와인이 자주 나오지는 않는다.

하지만 1병에 수십만 원에서 수천만 원 수준의 「고급와인」은 이 세상에 많이 존재한다. 그리고 이러한 고급와인은 모두 **그 지역을 대표하는 「일류와인」**으로 세계인들에게 알려져 있다.

이러한 일류와인에 대한 지식은 와인 자체를 깊이 이해하고 즐기기 위해서도 반드시 필요하다.

어떤 장르든 그렇지만 **「일류」를 알아야 그 장르에 대해 깊이 이해할 수 있다.**

예를 들어 다빈치, 미켈란젤로, 라파엘로 등의 일류 거장들과 그 작품을 모른 채로 예술에 대해 깊이 이해할 수 있을까? 스포츠를 관전할 때 일류 선수와 팀을 모르고 그 스포츠에 대해 깊이 이해하고 즐길 수 있을까?

「일류를 아는 것」은 그 장르의 기초와 본질에 가까워지는 것이며, 또한 그 장르를 즐기기 위해 반드시 필요한 일이다.

와인도 마찬가지다. **각 지역에서 반드시 알아두어야 할 와인**이 있으며, 그 와인들을 알면 와인에 대한 견해가 크게 달라진다.

또한 「일류」라고 불리는 와인은 **세계 공통 언어**이기도 하다. 나는 옥션회사인 「뉴욕 크리스티스」의 와인 분야에서 10년 이상 와인 스페셜리스트로 일했다. 와인 스페셜리스트는 경매에 출품되는 와인의 예상 낙찰가를 정하는 일을 하는데, 그야말로 **「고급와인」만 취급한다.** 지금은 귀국해서 와인경매 일을 계속하면서, 일본과 아시아를 중심으로 변호사나 의사, 경영자를 위한 와인 세미나를 개최하고 있다.

이런 일을 통해 다양한 국적의 사람들을 만날 수 있었는데, 그럴 때도 와인이 공통 화제가 된다는 사실을 강하게 실감했다. 최근에는 일본에서도 와인에 정통한 사람이 많아졌다고 느낀다.

## 「고급」 와인일수록 놀라운 에피소드가 있다

이 책에서는 이처럼 전 세계에 알려지고, 와인을 깊이 이해하기 위해 반드시 필요한 「일류와인」에 대한 지식을 소개한다.

프랑스, 이탈리아는 물론 캘리포니아와 칠레 등 와인 신흥국도 포함해 **지역별로 반드시 알아야 할 일류와인**을 선정했다.

일류와인이라고 어렵게 생각하지 말고, 부디 편안한 마음으로 읽었으면 하는 바람이다.

- 소유권을 두고 **나라 사이에 분쟁이 있었던 와인**(→ p.108)
- **「독」을 타지 못하도록** 투명한 병에 담은 샴페인(→ p.146)
- 이탈리아 최초의 **위업을 달성한 「테이블 와인」**(→ p.176)
- **「지나치게 많이 만들었는데 버리기엔 아깝다」**는 이유로 탄생하여 세계 제일이 된 와인(→ p.184)
- 해발 2,000m 이상의 지역에서 만드는 **중국산 고급와인** (→ p.240)

이처럼 와인을 전혀 모르는 사람이라도 흥미가 생기고 놀랄만한 이야기를 간직한「고급와인」이 다수 등장한다.

대표적인 프랑스 와인부터, 좋아하는 샴페인부터, 가격이 비싼 와인부터…… 등과 같이 자신에게 맞는 방법으로 마음에 드는 부분부터 부담 없이 읽어나가면 된다.

일류와인을 알고 이해하게 됨으로써 와인의 세계에 좀 더 흥미를 느끼고, 그 지식이 여러분의 인생에 작은(어쩌면 커다란) 변화를 가져오기 바란다.

아울러 이 책에서는 각 와인의 **「참고가격」**을 소개한다. 이 가격은 세계 최대의 와인 검색 사이트인「와인 서처(wine searcher)」가 각 와인(보틀 사이즈) 별로 모든 빈티지의 전 세계 판매가격에서 산출한 평균가격을 바탕으로 했다(2021년 2월 기준).

단, 와인은 **빈티지나 보관 상태에 따라 가격이 크게 달라지며, 또한 판매하는 나라(수입 가격이나 관세 등)와 장소(와인숍이나 레스토랑 등)에 따라서도 가격이 달라진다**. 따라서 이 책에 소개된 가격은 어디까지나 대략적인 기준이라는 점을 양해해주기 바란다.

또한 각 와인의 굿 빈티지도 소개했는데, 와인 평론가인 로버트 파커의 「파커 포인트」 등을 참조하여 선정했다(→ 와인 평가는 p.50 참조). 이 자료도 필요에 따라 참고하기 바란다.

**와타나베 준코**

고급와인
# CONTENTS

PROLOGUE …… 3

세계의 주요 와인 생산국 …… 18

프랑스의 주요 와인 산지 …… 20

부르고뉴
## BOURGOGNE

**글라스 1잔에 1억 원이 넘는다? 가장 유명하고 가장 비싼, 와인의 제왕**
— 로마네 콩티 도멘 드 라 로마네 콩티 …… 24

**평균 가격 1800만 원 이상! 「신」이라 불리는 남자가 빚어낸 전설의 명품**
— 본 로마네 크로 파랑투 앙리 자이에 …… 28

**불과 0.27㏊의 밭에서 탄생하는, 매우 희귀한 명품 와인**
— 뮈지니 도멘 르루아 …… 32

**단 한 사람의 열정이 빚어낸, 연간 약 6백 병을 생산하는 고가의 와인**
— 마지 샹베르탱 도멘 도브네 …… 36

**1년에 겨우 오크통 1개 분량만 생산!**
**운이 좋아야 볼 수 있는 「환상」의 화이트와인**
— 몽라셰 도멘 르플레브 …… 38

「흰 수염을 더럽히기 싫어서」, 화이트와인용 포도로 바꿔 심은 밭
— 코르통 샤를마뉴 코셰 뒤리 J.F …… 42

인구 2천 명도 안 되는 마을에서 만드는
세계 최고의 「화이트와인」
— 뫼르소 도멘 데 콩트 라퐁 …… 44

세기의 위조 사건에서 범인 체포의 계기가 된 와인
— 클로 드 라 로슈 도멘 퐁소 …… 46

● 와인의 가치를 결정하는 「평가」 …… 50

## 보르도의 5대 샤토
# BORDEAUX'S BIG FIVE

퐁파두르 부인도 맹목적으로 사랑한, 보르도 부동의 최고 샤토
— 샤토 라피트 로쉴드 …… 56

400년 전부터 격이 다른 품질
— 샤토 마고 …… 60

구찌의 오너가 실현한 안정적인 품질
— 샤토 라투르 …… 64

심사 대상 지역이 아닌데도 1등급에 선정!
영국에서 특히 사랑 받는 샤토
— 샤토 오 브리옹 …… 68

「피카소」 라벨에 담긴 긴 세월의 의지
— 샤토 무통 로쉴드 …… 72

● 메도크 등급_ 샤토 리스트 …… 76

## 보르도 좌안
# LEFT BANK BORDEAUX

포도의 왕자가 사랑한, 「사랑」을 전하는 와인
— 샤토 칼롱 세귀르 …… 80

「인도」의 향기가 감돈다!? 오리엔탈 프랑스 와인
— 샤토 코스 데스투르넬 …… 82

프랑스혁명으로 분리되었던 「레오빌 3형제」
— 샤토 레오빌 바르통 …… 84
— 샤토 레오빌 라스 카즈 …… 85
— 샤토 레오빌 푸아페레 …… 85

침몰선에서 인양된 1병에 900만 원짜리 와인
— 샤토 그뤼오 라로즈 …… 88

「돌」의 보호로 사랑받는 샤토
— 샤토 뒤크뤼 보카유 …… 90

귀를 기울이면 뱃사람의 목소리가 들릴지도?
— 샤토 베슈벨 …… 92

아들이 이어받은 샤토, 딸이 이어받은 샤토
— 샤토 피숑 롱그빌 바롱 …… 94
— 샤토 피숑 롱그빌 콩테스 드 랄랑드 …… 94

폐업 직전의 위태로운 상황에서
「1등급 샤토의 세컨드」로 불리기까지
— 샤토 뒤아르 밀롱 …… 96

시카고 불스의 우승을 축하하며,
마이클 조던이 개봉한 와인
— 샤토 랭슈 바주 …… 98

현대판 등급에서는 「7대 천왕」의 자리에!
속았지만 분발한 팔머 대령의 공적
— 샤토 팔머 …… 100

종교의식에 사용되어 일반에 공개되지 않았던 샤토
— 샤토 파프 클레망 …… 102

5대 샤토를 위협하는 「6번째」 존재
— 샤토 라 미숑 오 브리옹 …… 104

하룻밤 사이에 고급 샤토 대열에!?
— 샤토 스미스 오 라피트 …… 106

소유권을 둘러싸고 영국과 프랑스가 다툰,
디저트 와인의 최고봉
— 샤토 디켐 …… 108

● 그라브 지역_ 크뤼 클라세 샤토 리스트 …… 112
● 소테른 지역_ 상위등급 샤토 리스트 …… 113

## 보르도 우안
# RIGHT BANK BORDEAUX

J.F 케네디도 팬임을 공언한,
보르도에서 가장 유명하고 비싼 와인
— 페트뤼스 …… 116

작고 협소한 차고에서 탄생한 이단적인 최고급 와인
— 르 팽 …… 118

와인평론가도 혀를 내두른,
「몬스터」라고 불리는 복잡한 아로마
— 샤토 라플뢰르 …… 120

악천후로 인한 출하 단념, 그리고 경영난……,
역경에서 V자 회복을 이룬 포므롤의 명문
— 비유 샤토 세르탕 …… 122

극심한 냉해를 겪은 포도나무를 훌륭하게 재생!
— 샤토 레글리즈 클리네 …… 124

시음적기가 160년 이상 계속되는, 몬스터급의 장기숙성형 와인
— 샤토 오존 …… 126

아카데미상을 수상한 영화로도 화제가 된,
5대 샤토와 어깨를 나란히 하는 실력파
— 샤토 슈발 블랑 …… 128

전대미문의 성공 스토리! 그러나 의혹도……
— 샤토 앙젤뤼스 …… 130

「파비(복숭아)」에서 시작된 포도밭
— 샤토 파비 …… 132

● 생테밀리옹 지역_ 프리미에 그랑 크뤼 클라세 A·B 샤토 리스트 …… 134
● 포므롤 지역_ 대표적인 샤토 리스트 …… 135

## 샹파뉴 CHAMPAGNE

3번째 시음적기를 맞이하면 가격이 10배 가까이 뛴다
— 돔 페리뇽 P3 빈티지 …… 138
— 돔 페리뇽 P2 빈티지 …… 139
— 돔 페리뇽 빈티지 …… 139

매우 적은 양을 한정된 해에만 만드는 2가지 샴페인
— 크뤼그 클로 뒤 메닐 …… 142
— 크뤼그 클로 당보네 …… 143

와인병이 투명한 이유는 「독」을 타지 못하게
— 루이 로드레 크리스탈 …… 146

21세기에 겨우 5번 생산된 샴페인
— 살롱 블랑 드 블랑 …… 148

평생 4만 병 이상의 샴페인을 딴,
영국 전 총리에게 헌상된 술
— 폴 로저 서 윈스턴 처칠 …… 150

● 와인 기초용어 복습 …… 152

## 론
# RHONE

**전 세계 와인 마니아가 탐내는 「LALALA 트리오」**
— 코트 로티 라 물린 이기갈 …… 156
— 코트 로티 라 랑돈 이기갈 …… 157
— 코트 로티 라 튀르크 이기갈 …… 157

**1케이스에 1억 원 이상! 로마네 콩티의 가격을 웃도는 와인**
— 에르미타주 라 샤펠 폴 자불레 에네 …… 160

**13종류나 되는 포도를 적절히 골라서 쓰는,**
**샤토뇌프 뒤 파프의 1인자**
— 샤토 드 보카스텔 오마주 아 자크 페렝 …… 162

**론 지방에서 4대째 이어지는 신비로운 샤토**
— 샤토 라야스 …… 164

● **위조 와인의 판별법** …… 166

## 이 탈 리 아
# ITALY

**가족들마저 한탄하고 기막혀 한,**
**이탈리아 와인의 제왕이 만드는 참신한 와인들**
— 다르마지 가야 …… 170

**이탈리아 와인계의 거성이 남긴 공적**
— 바롤로 팔레토 브루노 지아코사 …… 174

「테이블 와인」이지만 이탈리아 최초의 위업을 달성
— 사시카이아 …… 176

유명 와인 전문지에서 세계 1위를 차지!
예술에도 조예가 깊은 세련된 와이너리
— 오르넬라이아 …… 178

이탈리아에서 전례가 없는
100% 메를로 품종으로 대히트!
— 마세토 …… 180

영국 왕실의 메건 왕자비가 사랑에 빠진 와인
— 티냐넬로 …… 182

「과잉 생산으로 버리기 아까워서」 탄생했는데,
세계 제일이 된 와인
— 솔라이아 …… 184

우연히 탄생한 신품종 포도,
엘리자베스 여왕에게 인정받고 인기 폭발
— 브루넬로 디 몬탈치노 리제르바 비온디 산티 …… 186

가족경영 와이너리가 만들어낸 2개의 세계적 와인
— 브루넬로 디 몬탈치노 테누타 누오바 카사노바 디 네리 …… 188

84,000병 분량의 와인이 하룻밤에 물거품으로
— 솔데라 카제 바세 …… 190

마이너 산지에서 날아온 슈퍼스타 탄생의 희소식
— 레디가피 투아 리타 …… 192

● 와인경매 입문 …… 194

## 캘 리 포 니 아
# CALIFORNIA

프랑스의 1등급 샤토가
캘리포니아에서 만들어낸「최고의 걸작」
— 오퍼스 원 …… 198

구입 권리를 얻는 것만 해도 12년 대기!?
열광적인 팬을 거느린 컬트와인
— 스크리밍 이글 …… 200

성공한 부호가 제2의 인생에서 만든 와인.
그럼에도 실력은 최고등급!
— 할란 이스테이트 …… 202

80개 이상의 밭에서 엄선된「본드 5형제」
— 본드 멜버리 …… 204

「3천 명이 대기」하는 고평가 와인들
— 콜긴 허브 램 빈야드 …… 206

와인 이름은「딸」의 이름. 일본인 여성이 오너인 와이너리
— 마야 …… 208

압도적인 실력으로 열혈팬이 많은 와인
— 슈레더 셀러스 벡스토퍼 투 칼론 빈야드 CCS …… 210

역사상 유일하게,
유명 와인 전문지에서 연간 1위를 2차례 획득
— 케이머스 빈야드 스페셜 셀렉션 …… 212

보르도 제일의 양조자가 나파에서 와인 양조를 시작한 이유
— 도미너스 …… 214

**영광과 스캔들로 점철된 와이너리**
— 브라이언트 패밀리 빈야드 …… 216

**프랑스 와인에 압승한 무명의 화이트와인**
— 샤토 몬텔레나 샤르도네 …… 218

**스탠포드 × MIT가 만들어낸,**
**부르고뉴 이상으로 부르고뉴다운 와인**
— 키슬러 빈야드 퀴베 캐서린 …… 220

**같은 와인은 두 번 다시 만들지 않는다!?**
**해마다 새로운 와인을 만드는 이색 와이너리**
— 시네 쿠아 논 퀸 오브 스페이드 …… 222

## 그 밖의 지역
# OTHER AREA

**오스트레일리아**

**프랑스에서는 금지된 블렌딩으로**
**전 세계를 포로로 만든 와인**
— 그랜지 펜폴즈 …… 226

**연간 1,300병 정도만 생산하는**
**오스트레일리아의 희귀 와인**
— 크리스 링랜드
쉬라즈 드라이 그로운 바로사 레인지스 …… 228

**꿈을 실현한 「왼손잡이」 부부**
— 카니발 오브 러브 몰리두커 …… 230

스페인

만점 평가를 받은 데뷔 빈티지,
그중 20%가 바다 밑으로 사라졌다
— 도미니오 데 핑구스 …… 232

최소 10년은 숙성시키는 스페인의 대표작
— 우니코 베가 시실리아 …… 234

칠레

대성공을 거둔
칠레 × 프랑스의 합작 벤처
— 알마비바 …… 236

남아프리카공화국

남아프리카의 고급와인 시장을 개척한 새로운 스타
— 빌라폰테 시리즈 M …… 238

중국

뭐, 중국산 와인!?
표고 2,000m 이상에서 만들어지는 고급와인
— 아오윤 …… 240

프랑스의 일류 샤토가
중국에서 만들어낸 신성한 와인
— 롱다이 …… 242

EPILOGUE …… 244

INDEX …… 247

# 세 계 의 주 요

# 와 인

# 프랑스의 주요 와인 산지

## 보르도의 주요 생산 지역

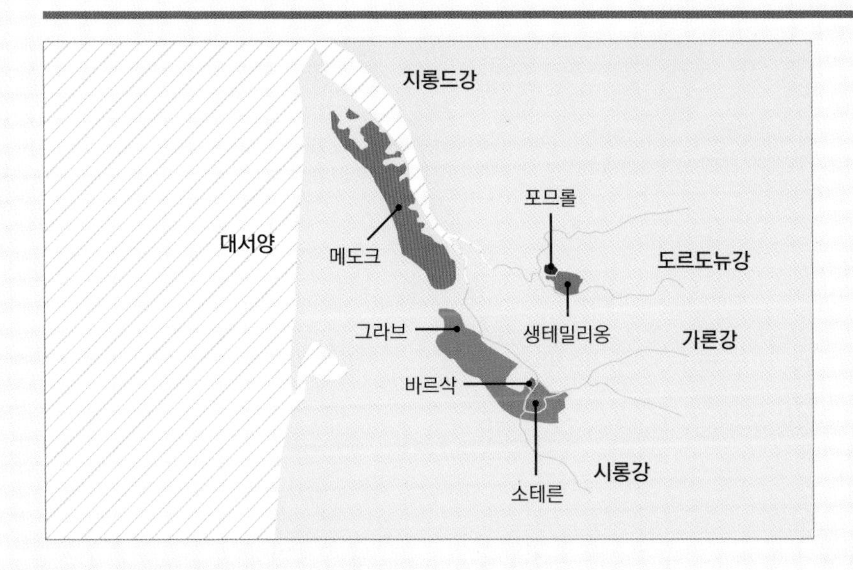


## 부르고뉴의 주요 생산 지역

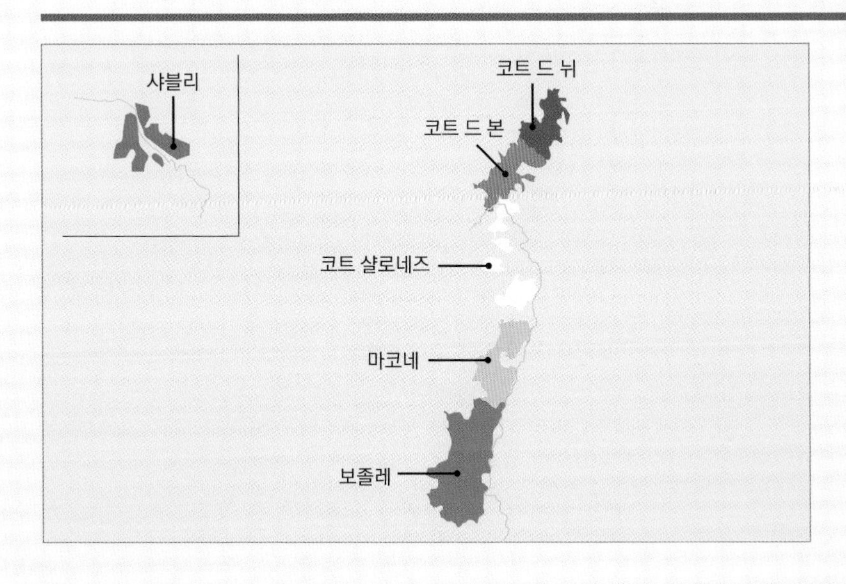

# 부르고뉴

# BOURGO

GRANDS CRUS
그랑 크뤼

PREMIERS CRUS
프리미에 크뤼

COMMUNALES
코뮈날

RÉGIONALES
레지오날

# GNE

프랑스의 부르고뉴 지방은 프랑스에서는 물론 세계적으로도 가장 「비싼 와인」을 생산하는 산지이다. 수백만, 수천만 원 규모의 와인이 다수 존재한다.
부르고뉴의 와인이 비싼 가장 큰 이유는 단일 포도품종을 사용하기 때문이다. 같은 프랑스에서도 보르도 지방은 다양한 품종을 블렌딩하여 품질을 안정시키지만, 부르고뉴 지방에서는 레드와인에는 주로 피노 누아 품종을, 화이트와인에는 주로 샤르도네 품종을 단독으로 사용한다. 따라서 포도의 작황이 그대로 와인에 반영되어 기후가 좋은 해의 와인은 가격이 크게 올라간다.
또한 부르고뉴의 경우 「포도밭」에 등급이 매겨져 있는데(왼쪽 피라미드 참조), 그랑 크뤼(특등급밭) 중에는 크기가 불과 몇 ha에 불과한 포도밭도 있기 때문에 그곳에서 만들어지는 와인의 양은 한정적이어서 자연히 희소가치가 높아진다. 특히 유명 생산자의 희소 와인은 수백만 원에서 수천만 원까지 가격이 올라간다.
여기서는 이러한 고급와인이 많기로 유명한 부르고뉴 지방의 대표적인 와인을 소개한다.

로마네 콩티 도멘 드 라 로마네 콩티

# ROMANÉE-CONTI
## DOMAINE DE LA ROMANÉE-CONTI

참고가격

약 2320 만 원

주요사용품종

피노 누아

GOOD VINTAGE

1945, 61, 78, 85, 90, 96, 99, 2005, 06, 08, 09, 10, 12, 15, 16

MONOPOLE(모노폴)은「단독 소유」라는 뜻. 특등급밭「로마네 콩티」를 DRC사가 단독으로 소유하고 있다는 표시이다.

세계에서 가장 위조 와인이 많다고 알려진 DRC 와인에는, 위조 라벨을 판별하기 위한 여러 가지 세부적인 장치가 있다(→ p.166, 167 참조).

## 글라스 1잔에 1억 원이 넘는다?
## 가장 유명하고 가장 비싼, 와인의 제왕



부르고뉴 지방에서 가장 비싼 와인인「로마네 콩티」를 만드는 유서 깊은 생산자가 도멘 드 라 로마네 콩티(DRC)사이다.

와인 이름인「로마네 콩티」는 **밭의 이름**이며, DRC사가 로마네 콩티 밭에서 만드는 와인이「로마테 콩티」이다. 부르고뉴에서는 밭 하나를 여러 생산자가 나누어 소유하는 경우가 많지만(예를 들어「리쉬부르(Richebourg)」라는 이름이 붙는 와인은 여러 생산자가 출하하는데, 이는 특등급밭인 리쉬부르를 여럿이 나누어 소유하고 있기 때문이다), 로마네 콩티 밭은 DRC사가 단독으로 소유하기 때문에, **「로마네 콩티」라는 와인을 만드는 생산자는 세계에서 DRC가 유일**하다.

다른 특등급밭에 비해 영양분이 풍부한 땅을 가진 로마네 콩티의 밭은 크기가 1.8*ha*에 불과하다. 더군다나 그중에서도 영양분을 충분히 흡수한 포도만 남기고, 그렇지 못한 포도는 가차없이 잘라낸다. 가혹한 경쟁에서 승리한 포도만이「로마네 콩티의 포도」로 살아남을 수 있는 것이다. 이렇게 생명력이 강하고 즙도 풍부한 포도만 살아 남기 때문에 **1년에 불과 5~6천 병만 생산된다.**

1.8*ha*의 작은 밭에서 만들어지는 세계 최고의 로마네 콩티는 예로부터「신이 주신 와인」으로 추앙 받았으며, 지금도 로마네 콩티를 숭배하고 그 매력에 사로잡힌 사람들이 쟁탈전을 펼치고 있다.

18세기, 로마네 콩티라는 이름의 유래가 된 콩티공(公)이 루이 15세의 애첩인 퐁파두르 부인과 밭의 소유권을 두고 다툰 일은 유명한 일화다. 콩티공에게 진 퐁파두르 부인은 분한 나머지 베르사유 궁전에서 부르고뉴 와인을 모조리 없애버렸다고 한다.

또한 최근에는 「유니콘 와인(존재에 대해 듣기는 했으나 누구도 실물을 본 적이 없는 와인)」이라 불리는 1945년산 로마네 콩티를 둘러싸고 경매에서 치열한 경쟁이 벌어졌다.

45년산은 「존재 자체가 환상」이라 불리는 와인인데, 그런 와인이 완벽한 내력을 갖고 나타나자 전 세계의 와인수집가들이 기를 쓰고 손에 넣으려고 한 것이다.

후세에 남을 입찰전 끝에 **역사상 가장 비싼 약 6억3천만 원에 낙찰되었다.** 그야말로 「신이 주신 와인」이라는 이름에 걸맞은 경이로운 가격이다.

DRC사는 로마네 콩티를 포함해 8개의 특등급밭(그랑 크뤼)을 소유·임대하고 그곳에서 고품질 와인을 만든다

빈티지에 따라서는 로마네 콩티를 웃돈다는 **「라 타쉬」**(이 밭도 DRC사가 단독 소유하고 있다), 로마네 콩티에 인접한 밭 **「리쉬부르」**, 본 로마네 마을에서 가장 오래된 밭 **「로마네 생 비방」**, 인기 급상승중인 **「그랑 에셰조」**, 항상 일정한 퀄리티를 유지하는 **「에셰조」**, 로마네 콩티보다 생산량이 적은 화이트와인의 최고봉 **「몽라셰」**, 그리고 합리적인 가격의 **「코르통」** 등 개성 있는 고품질 와인을 몇 종류나 생산하고 있다.

또한 1등급밭(프리미에 크뤼) 와인인 「본 로마네(Vosne-Romanée)」와 비매품인 화이트와인 「바타르 몽라셰(Bâtard-Montrachet)」도 양조한다. 바타르 몽라셰는 관계자에게만 전해지는 환상의 명품으로, 그 가치는 로마네 콩티 이상이라고 평가되기도 한다.

## 로마네 콩티 이외 DRC의 그랑 크뤼 와인

본 로마네 그로 파랑투 앙리 지이에

# VOSNE-ROMANÉE CROS-PARANTOUX
## HENRI JAYER

참고가격

약 1830 만 원

주요사용품종

피노 누아

GOOD VINTAGE

1985, 91, 93

「Ce vin n'a pas été filtré」는 「필터를 거치지 않았다(여과하지 않았다)」라는 뜻이다. 와인을 필터로 여과해 미생물 등을 제거하는 생산자가 있는 반면, 와인의 향이나 맛의 깊이, 특징이 손상되지 않도록 여과하지 않는 생산자도 늘고 있다.

## 평균 가격 1800만 원 이상!
## 「신」이라 불리는 남자가 빚어낸 전설의 명품



부르고뉴에는 「신」이라 불리는 생산자가 있다. 1922년, 본 로마네 마을에서 포도를 재배하던 자이에 집안의 셋째 아들로 태어난 **앙리 자이에(Henri Jayer)**이다.

어렸을 때부터 아버지 밑에서 포도 재배를 도왔던 앙리는 디종대학 양조학과를 졸업한 뒤, 부르고뉴의 명가 카뮈제(Camuzet) 집안이 소유한 특등급밭 「리쉬부르」와 「뉘 생 조르주」의 관리와 양조를 맡았다. 젊어서 재능을 발휘한 앙리와 카뮈제가의 계약은 40년 이상 이어졌다(현재는 카뮈제가의 메오가 후계자로 밭을 지키고 있다).

30대에는 「Henri Jayer」라는 자신의 이름을 딴 브랜드로 와인을 만들기 시작하여, 노년까지 수많은 명품을 남겼다. 앙리가 만든 와인의 가격은 **낮은 등급의 와인조차 다른 도멘의 특급 와인 가격을 넘을** 정도이다.

1등급밭인 크로 파랑투에서 만드는 **「본 로마네 크로 파랑투」**도 앙리가 만든, 비싼 몸값을 자랑하는 와인 중 하나이다.

1827년에 이미 포도를 재배한 기록이 있는 크로 파랑투 밭은 전쟁 중에는 아티초크(서양 채소의 일종)를 재배하는 등 원래는 전혀 주목받지 않는 밭이었다.

그런 크로 파랑투를 단번에 유명하게 만든 사람이 앙리이다. 크로 파랑투는 커다란 바위 위에 점토질 석회암층이 펼쳐져서, 토양의 질이 결코 포도 재배에 적합하다고 할 수 없는 땅이었다. 하지만 앙리는 그 조건에서 최고의 산미를 지닌 와인을 만들 수 있다는 것을 알고, 포도 재배와 양조를 시작했다. 그리고 1978년에 첫 빈티지를 출시했는데,

특히 1985년산은 전 세계의 자이에 팬이 갈망하는 빈티지가 되었다. 85년산은 위조 와인도 많이 나돌아 사기를 당한 수집가도 적지 않다.

2018년에는 스위스 제네바에서 열린 자이에 가문이 직접 출품하는 엑스 셀러(와인 생산자가 별도로 직접 저장 · 숙성시킨 와인) 경매에, 내력을 보증하는 85년산 6병들이가 출품되어 무려 3억 원 이상의 가격으로 낙찰되었다. 이 경매로 앙리 자이에 와인의 1병당 최고 낙찰가도 갱신되었다.

이런 앙리도 74세 때 프랑스 정부로부터 「일하는 사람에게는 연금이 지급되지 않는다」는 통지를 받고, 자신이 소유한 밭을 조카인 에마뉘엘 루제(Emmanuel Rouget)에게 양도하고 표면상으로는 일선에서 물러났다. 물론 이는 표면상의 이야기이며, 실제로는 에마뉘엘과 함께 와인을 계속 만들고 제자를 양성했다.

그러나 **2001년을 마지막으로 완전히 은퇴**를 선언하면서, 그해에 만든 와인이 「부르고뉴의 신」이 만든 마지막 빈티지가 되었다. 이 2001년산은 작황이 좋았던 해여서 부가가치가 더 붙었고, 전 세계 자이에 팬이 손에 넣고자 애쓰는 와인이 되었다.

그 뒤 앙리는 앓고 있던 암 치료에 전념하기 위해 디종에 있는 병원에 입원했는데, 병상에서도 젊은이들에게 와인 양조 비법을 전수해 모두 감명을 받았다.

이렇게 와인 양조에 인생을 바친 앙리의 부고가 전해진 것은 2006년으로, 앙리의 나이 84세였다. 지금은 그의 유지를 이어받은 젊은 생산자들이 부르고뉴의 제일선에서 활약하고 있다.

리쉬부르 앙리 자이에
## RICHEBOURG
### HENRI JAYER
약 2450만 원

앙리 자이에 와인 중 가장 비싼 가격을 자랑한다. 특등급밭 「리쉬부르」에서 만드는 와인으로, 1987년산 이후에는 도멘 메오 카뮈제가 생산하고 있다.

뉘 생 조르주 앙리 자이에
## NUITS-SAINT-GEORGES
### HENRI JAYER
약 380만 원

「자이에 와인 중에서도 뉘 생 조르주라면 손에 넣을 수 있다」고 했던 것도 한순간. 2003년에 200달러 정도이던 낙찰가가 10년 뒤에는 3,000달러 이상까지 급등했다.

본 로마네 크로 파랑투 에마뉘엘 루제
## VOSNE-ROMANÉE CROS PARANTOUX
### EMMANUEL ROUGET
약 280만 원

자이에로부터 크로 파랑투의 특성을 살린 와인 양조 비법을 전수받은 에마뉘엘 루제가 만든 크로 파랑투. 「1990년산을 기점으로 자이에를 계승했다」라고, 유명 와인평론가 로버트 파커에게도 인정받았다.

뮈시니 도멘 르루아

# MUSIGNY
## DOMAINE LEROY

참고가격

약 3060 만 원

주요사용품종

피노 누아

GOOD VINTAGE

1996, 98, 2002, 05, 06,
07, 09, 10, 12, 14, 15, 16

맛있는 와인을 만드는 비결은 「건강한 포도를 재배하는 것」이라고 단언하는 도멘의 오너 마담 르루아는 하루를 온전히 포도밭에서 보낼 때도 있다. 1933년생이라는 고령에도 불구하고 지금도 매일같이 밭에 나가 포도의 건강 상태를 체크한다고.

## 불과 0.27㏊의 밭에서 탄생하는, 매우 희귀한 명품 와인

샹볼 뮈지니 마을에 있는 **10㏊ 정도의 작은 특등급밭「뮈지니」**. 이 좁은 밭을 11명의 생산자가 공유하고 다양한「뮈지니」를 만들고 있다.

실제로는 대부분을 한 도멘이 소유하고, 나머지인 불과 3*ha* 정도를 10명의 생산자가 나눈 상태이므로, 그 3*ha*를 나눈 생산자들의 뮈지니 생산량은 자연히 한정되고 가격은 급등했다.

그중에서도 도멘 르루아가 만드는 뮈지니는 가격이 매우 비싸다. 게다가 도멘 르루아가 소유한 뮈지니 밭은 **불과 0.27㏊**로, 생산량도 매우 적기 때문에 경매에서는 늘 치열한 경쟁이 펼쳐진다.

다만 그 높은 가치는 단지 희소성 때문만은 아니다. 도멘 르루아의 현재 오너인 **「마담 르루아」, 그러니까 랄루 비즈 르루아(Lalou Bize Leroy) 여사**가 와인 양조에 심혈을 기울인 결과이기도 하다.

마담 르루아는 아버지 앙리 르루아가 은퇴하면서 르루아사와 DRC사의 공동 경영자 자리를 물려받았다. 원래 르루아사는 계약 농가에서 들여온 포도로 와인을 양조했는데, 진작부터 화학 비료가 포도 재배에 미치는 악영향을 걱정하던 마담 르루아는 1988년, **바이오다이나믹 농법(유기농법의 일종)을 도입한 자사 소유의 밭에서 수확한 포도만으로 와인을 양조하는「도멘 르루아」**를 설립했다.

그 일이 탐탁지 않았던 DRC사와 골이 깊어져 공동 경영자 자리에서 쫓겨났지만, 그런 역경에 아랑곳하지 않고 마담 르루아는 와인 양조에 심혈을 기울였다. 그리하여 1993년산 클로 드 라 로슈, 로마네 생 비방, 리쉬부르가 파커 포인트(→ p.50 참조) 100점을 받으면서 도멘 르루아가 만드는 와인은 단번에 일류와인의 대열에 올라섰다.

르루아의 와인은 마담 르루아가 지향한 무농약, 바이오다이나믹 농법에 의해 포도 본래의 소박함이 느껴지는 독특한 맛으로, 지금은 DRC 만큼 높은 인기를 자랑한다.

일반적으로 뮈지니 밭에서 생산된 와인은 품위와 여성스러움을 겸비한다고 하는데, 특히 르루아가 빚어낸 뮈지니는 벨벳처럼 부드럽고 우아한 맛으로 완성된다. 이 역시 바이오다이나믹 농법으로 포도나무를 정성껏 기르고, 포도 한 알 한 알에 과즙이 가득차도록 일부러 수확량을 억제하기 때문이다.

또한 마담 르루아의 자연에 대한 고집은 포도 재배에만 그치지 않는다. 예를 들어 르루아의 와인병에는 흘러넘친 자국이 자주 보이는데, 이 역시 공장 생산이 아니라 **사람 손으로 한 병 한 병 병입한다**는 증거이다. 와인병 입구까지 와인을 담기 때문에 코르크에서 와인이 흘러넘치는 현상이 나타나는 것이다.

이렇게 철저히 「자연」을 고집하는 도멘 르루아는 이 밖에도 특등급 밭인 리쉬부르와 로마네 생 비방, 샹베르탱 등의 포도로 와인을 만드는데, 이들 와인도 경매에서 늘 고액에 낙찰된다.

## 도멘 르루아의 대표적인 와인

리쉬부르 도멘 르루아

### RICHEBOURG
DOMAINE LEROY

약 800만 원

DRC 다음으로 많은 리쉬부르의 밭을 소유한 르루아이지만 생산량은 연간 100케이스(1,200병)에 불과하다. 그래서 가격이 급등했는데, 그중에서도 1949년산은 20세기를 대표하는 와인으로 반드시 거론되는 와인이다.

로마네 생 비방 도멘 르루아

### ROMANÉE-ST-VIVANT
DOMAINE LEROY

약 720만 원

라이징 스타(떠오르는 별)라는 별명을 가진 밭 「로마네 생 비방」은 로마네 콩티에 맞먹는 장래성을 가진 밭으로 주목 받고 있다. 예전에는 이웃한 리쉬부르 밭에 비해 지나치게 강한 타닌과 단단한 풍미로 지적을 받았으나, 최근에는 부드러우면서 남자다운 와인으로 표현된다. 도멘 르루아는 DRC 다음으로 넓은 밭을 소유하고 있으나, 소유 면적은 불과 1㏊여서 매우 적은 양만 생산한다.

샹베르탱 도멘 르루아

### CHAMBERTIN
DOMAINE LEROY

약 1020만 원

특등급밭 「샹베르탱」에서 만드는 와인은 생산자에 따라 다양한 개성이 나타나는 것으로 유명하다. 대표적인 생산자인 도멘 루소는 「킹」, 도멘 르루아는 「퀸」으로 불리며, 르루아는 다른 생산자들이 만들지 못하는 섬세하고 여성적인 와인을 만든다.

마지 샹베르탱 도멘 도브네

# MAZIS-CHAMBERTIN
## DOMAINE D'AUVENAY

참고가격

약 740 만 원

주요사용품종

피노 누아

GOOD VINTAGE

1996, 99, 2002, 10, 16

**르루아가 와인을 생산하는 3개의 도멘**

**메종 르루아**
⬇
계약 농가에서 사들인 포도로 와인을 양조.

**도멘 르루아**
⬇
자사 소유의 밭에서 수확한 포도로 와인을 양조.

**도멘 도브네**
⬇
마담 르루아가 개인적으로 소유한 밭의 포도로 와인을 양조.

라벨에는 마담 르루아가 실제로 살고 있는 저택이 그려져 있다.

## 단 한 사람의 열정이 빚어낸, 연간 약 6백 병을 생산하는 고가의 와인



도멘 도브네는 르루아사를 이끄는 **마담 르루아가 「개인적으로 소유한 밭」의 포도만 사용해서 와인을 만드는 도멘**이다.

사실 르루아의 와인은 크게 세 가지로 나눌 수 있다. 첫 번째는 르루아사가 계약 농가에서 사들인 포도로 와인을 만드는 **「메종 르루아(Maison Leroy)」**. 이 도멘은 마담의 증조부인 프랑스와 르루아가 1868년에 설립했다.

두 번째는 앞에서 설명한 대로 자사의 밭에서 포도를 재배하고 와인 양조와 판매까지 직접 하는 **「도멘 르루아(Domaine Leroy)」**이다. 도멘 르루아는 여러 소유자가 공동으로 경영하는데, 현재는 마담 르루아와 그 일가, 그리고 일본 기업인 다카시마야 소유이다.

그리고 세 번째가 **「도멘 도브네」**인데, 도브네에서는 마담 르루아 개인이 소유한 밭의 포도만으로 와인을 양조하며, **마담이 이상적으로 생각하는 와인을 타협 없이 만든다.**

도브네 와인은 100% 개인 소유의 밭에서 재배한 포도만 사용하므로 대량 생산을 할 수 없어서, 대부분의 와인이 겨우 1만 병 정도 생산된다. 그래서 경매에서도 늘 치열한 경쟁이 펼쳐진다.

특히 「마지 샹베르탱」은 수령이 70년 정도로 오래된 나무의 포도를 사용하여 **연간 550~600병의 극소량만 생산**하는 와인으로, 빈티지에 따라서는 가격이 1병에 500만 원 이하로 떨어지지 않는다. 세계 최대의 와인 검색사이트 「와인 서처」가 2017년에 발표한 「부르고뉴의 고가 와인 리스트」에서도 도브네의 마지 샹베르탱이 7위로 선정되었다.

몽라셰 도멘 르플레브

# MONTRACHET
## DOMAINE LEFLAIVE

참고가격

약 1230만 원

주요사용품종

샤르도네

GOOD VINTAGE

1992, 95, 96, 98, 2002, 13

## 1년에 겨우 오크통 1개 분량만 생산!
## 운이 좋아야 볼 수 있는 「환상」의 화이트와인



부르고뉴의 퓔리니 몽라셰 마을에서 1717년부터 포도 재배에 관여해 온 유서 깊은 도멘 르플레브는, 미네랄이 풍부한 고급 화이트와인이 만들어지는 이 땅에 약 25*ha*에 이르는 포도밭을 소유하고 있다. 게다가 **대부분이 1등급과 특등급 밭**이다.

1990년부터는 도멘을 이어받은 앤 클로드(Anne-claud) 여사가 몸에 좋은 와인을 만들기 위해, 도멘이 소유한 모든 특등급밭에 **바이오다이나믹 농법을 적용했다.** 그리고 1997년에는 모든 밭에 바이오다이나믹을 실천하여, 포도 본래의 맛을 최대한 이끌어낸 순수하고 맑은 와인을 만드는 데 성공했다. 앤 클로드는 바이오다이나믹 농법의 선구자가 되었고, 지금은 많은 생산자가 바이오다이나믹 농법으로 포도를 재배하고 있다.

그런 르플레브가 만드는 와인 중에서도 압도적으로 높은 가격을 자랑하는 와인이 특등급밭 「몽라셰」의 와인이다.

르플레브가 몽라셰를 손에 넣은 것은 1991년으로, 취득 면적은 **불과 0.08ha**이다. 이처럼 매우 좁은 면적 때문에 1년에 겨우 오크통 1개 분량만 생산하기에 희소성이 매우 높아서 와인 시장에는 거의 유통되지 않아 가격이 급등했다.

참고로 2016년은 몽라셰의 생산자들이 흉작으로 고생한 해였는데, 몽라셰를 소유한 르플레브, DRC, 콩트 라퐁(Comtes Lafon) 등이 공동으로 「L'EXCEPTIONNELLE VENDANGE DES 7 DOMAINES(7개 도멘의 특별한 수확)」라는 이름의 와인을 생산해 판매했다. 유명 도멘이 공동으로 와인을 생산한 것은 와인 역사가 시작된 이래 처음이다. 가격은 1병에 5,550유로(약 740만 원)이고 생산량은 불과 600여 병으로, 되팔지 않는다는 조건을 붙여 한정된 사람에게만 구입할 권리를 주었다.

또한 화이트와인의 성지인 퓔리니 몽라셰 마을에는 몽라셰 외에 **「슈발리에 몽라셰」**, **「바타르 몽라셰」**, **「비앵브뉘 바타르 몽라셰」** 등 3개의 특등급밭이 존재하는데, 르플레브는 이 모든 밭에서 와인을 양조한다(→ p.41 참조). 전 세계의 르플레브 팬들은 이들 와인을 아낌없이 고가로 낙찰받는다.

하지만 이렇게 르플레브의 와인 가격이 급등하는 것에 마음 아팠던 앤 클로드 여사는 땅값이 싼 마콩 지역의 밭을 구입하여 일반적인 르플레브 팬도 살 수 있는, 화학물질을 전혀 사용하지 않고 가격도 적당한, 마을이름이 붙는 등급의 와인 **「마콩 베르제」**도 생산하기 시작했다. 마콩 베르제는 그랑 크뤼에서 표현되는 순수하고 맑은 맛은 그대로 살아 있고, 빨리 마시는 타입의 가벼운 풍미로 완성되었다.

마콩 베르제
MÂCON-VERZÉ
약 6만 원

## 르플레브가 퓔리니 몽라셰 마을에서 만드는 「몽라셰」 이외 3종류의 그랑 크뤼(특등급밭) 와인

슈발리에 몽라셰
**CHEVALIER-MONTRACHET GRAND CRU**
약 110만 원

바타르 몽라셰
**BATARD-MONTRACHET GRAND CRU**
약 80만 원

비앵브뉘 바타르 몽라셰
**BIENVENUES BATARD-MONTRACHET GRAND CRU**
약 73만 원

코르통 샤를마뉴 코셰 뒤리 J.F

# CORTON-CHARLEMAGNE
## COCHE-DURY J.F.

참고가격

약 570 만 원

주요사용품종

샤르도네

GOOD VINTAGE

1986, 89, 90, 96, 99, 2004, 08, 10, 14

골드 라벨 디자인은 1990년대 것으로, 2000년부터 화이트 바탕의 라벨로 바뀌었다.

## 「흰 수염을 더럽히기 싫어서」, 화이트와인용 포도로 바꿔 심은 밭

「화이트와인의 신」이라 불리는 부르고뉴의 화이트와인 생산자 **코셰 뒤리**의 대표작이「코르통 샤를마뉴」이다.

코르통 샤를마뉴는 밭 이름인데, 이 밭은 약 1,500년 전부터 존재했으며 그때부터 이미 포도를 재배했다는 기록이 남아있다.

코르통 샤를마뉴라는 이름은 8세기 무렵에 활약한 프랑크 왕국 카를 대제의 이름에서 비롯되었다.

레드와인을 매우 좋아했던 카를 대제는 와인을 마실 때마다 **자랑거리인 흰 수염이 지저분해지는 것이 싫어서, 화이트와인을 즐기게 되었다**고 한다. 그래서 코르통 마을에 소유하고 있던 밭의 포도를 모두 화이트와인용 포도로 바꾸어 심었는데, 바로 이 카를 대제의 프랑스어 이름인「샤를마뉴 대제」에서 코르통 샤를마뉴라는 이름이 유래되었다고 한다.

독일의 화가 알브레히트 뒤러가 그린「카를 대제」.

코셰 뒤리가 코르통 샤를마뉴 밭을 구입한 때는 1980년대 중반이었다. 그리고 1986년의 데뷔 빈티지에서 벌써 파커 포인트 99점을 획득했다.

게다가 1999년산으로 《와인 애드버킷》(→ p.51 참조)에서 100점 만점을 받았다. **코르통 샤를마뉴의 생산자 중 와인 애드버킷에서 100점을 받은 것은 코셰 뒤리가 유일**하다.

뫼르소 도멘 데 콩드 라퐁

# MEURSAULT
## DOMAINE DES COMTES LAFON

참고가격

약 22만 원

주요사용품종

샤르도네

GOOD VINTAGE

1989, 92, 96, 97, 2000, 01, 02, 05, 06, 09, 10, 11, 12, 14, 15, 16, 17

OTHER WINE

몽라셰 도멘 데 콩트 라퐁

### MONTRACHET
### DOMAINE DES COMTES LAFON

약 250만 원

특등급밭 몽라셰에서 생산되는, 콩트 라퐁의 최고급 와인. 그 가격은 뫼르소의 10배 이상이다.

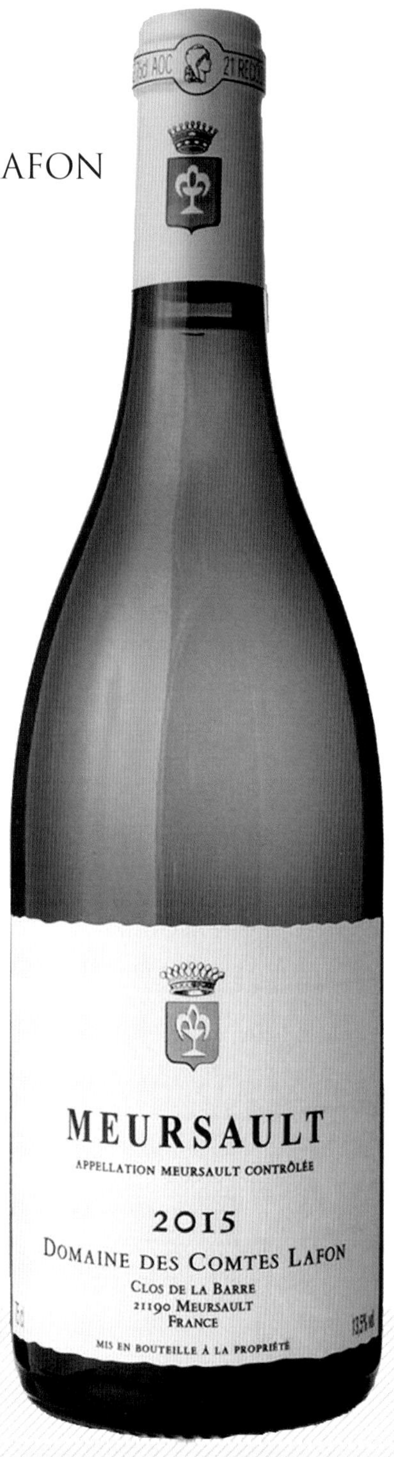

## 인구 2천 명도 안 되는 마을에서 만드는 세계 최고의 「화이트와인」

「콩트 라퐁」은 코셰 뒤리와 함께 화이트와인으로 세계에 이름을 널리 알린 부르고뉴의 생산자이다.

콩트 라퐁의 소유자인 도미니크 라퐁은 프랑스뿐 아니라 미국 오리건주에서도 와인을 생산하는 등 세계 각지에서 화이트와인을 만들어 「세계의 라퐁」으로도 불린다.

특히 콩트 라퐁이 만드는 「뫼르소」는 비중 있게 다루어야 할 와인이다. **인구 2천 명이 안 되는 뫼르소 마을**은 화이트와인의 성지로 세계적으로도 인정받는 땅이다. 여기서 재배하는 포도는 대부분 샤르도네 품종으로 많은 생산자가 「뫼르소」라는 이름을 걸고 화이트와인을 만들고 있는데, 그중에서도 콩트 라퐁과 코셰 뒤리가 만드는 뫼르소는 **「뫼르소의 쌍벽」이라고 불리는 대표적인 와인**이다. 특히 콩트 라퐁은 새로운 양조법으로 뫼르소 생산자의 본보기가 되고, 뫼르소 전체의 평가를 높였다.

콩트 라퐁의 뫼르소는 버터와 같은 진한 풍미이지만 지나치게 무겁지 않은 투명함이 있다.

또한 콩트 라퐁의 와인 중 최고급은 특등급밭인 「몽라셰」에서 만드는 와인이다.

이 와인도 역시 항상 높은 평가를 받고 경매에서도 고가에 낙찰된다. 라퐁이 만드는 몽라셰는 미네랄과 산이 풍부해, 다른 생산자가 표현하지 못하는 광물성이 나타난다는 평가를 받는다.

클로 드 라 로슈 비에유 비뉴 도멘 퐁소

# CLOS DE LA ROCHE V.V.
## DOMAINE PONSOT

참고가격

약 63 만 원

주요사용품종

피노 누아

GOOD VINTAGE

1971, 80, 85, 90, 91, 93, 99, 2005, 06, 09, 13, 16, 17

「비에유 비뉴(VIEILLES VIGNES, V.V)」란 수령이 오래된 나무에서 수확한 포도를 사용했다는 의미이다.

## 세기의 위조 사건에서
## 범인 체포의 계기가 된 와인

「클로 드 라 로슈」는 부르고뉴의 모레 생 드니(Morey–Saint–Denis) 마을에 있는 특등급밭으로, 모레 생 드니에서도 테루아가 가장 우수하다는 평가를 받는다. **「클로 드 라 로슈 = 필드 오브 스톤(돌로 뒤덮인 땅)」**이라는 뜻으로, 밭의 토양이 딱딱한 돌로 뒤덮여 있어 이곳에서 자란 포도로 빚은 와인은 향기가 그윽하고 고귀한 풍미가 있다.

도멘 퐁소는 이 특등급밭 클로 드 라 로슈의 최대 소유자인데, 전체의 약 80%에 해당하는 약 3.5*ha*를 소유하고 있으며, 생산량은 만 병 정도이다. 특히 체리와 트러플의 풍미가 특징인 퐁소의 클로 드 라 로슈는 트러플이 제철일 때 트러플 요리에 곁들여서 마시곤 한다.

퐁소가 만드는 클로 드 라 로슈의 인기가 높아진 이유로, 2008년의 크리스티스 경매를 들 수 있다. 그때 출품된 1934년산 클로 드 라 로슈가 **예상을 훌쩍 뛰어넘는 18,240달러에 낙찰**된 것이다. 그 뒤로 퐁소의 클로 드 라 로슈는 경매의 핫 아이템으로 높은 인기를 자랑하게 되었다.

현재 퐁소는 클로 드 라 로슈의 생산자로서 마담 르루아 이상의 인기를 자랑한다. 유명 와인평론가 로버트 파커의 애제자인 닐 마틴도 1971년산을 매우 좋아해서 「1978년의 로마네 콩티 이상이다」라고 코멘트를 남겼다.

덧붙이면 현재 가장 고액으로 거래되는 클로 드 라 로슈는 1985년산인데, 이는 다음해인 86년산이 「대실패」로 평가되면서 그 가치가 더 높아졌기 때문이다.

도멘 퐁소는 **와인 위조를 막기 위해 노력하는 것으로도 유명**하다.

2000년대 들어 고급와인 시장에서 위조 와인이 나돌자, 4대 오너인 로랑 퐁소는 위조 와인을 막기 위한 대책으로, 온도 센서가 달린 라벨을 붙이고 합성 소재를 사용해 위조할 수 없는 코르크를 도입하는 등 철저하게 대비했다.

또한 와인을 넣는 상자의 온도를 앱으로 관리하고 15년 동안 추적할 수 있는「인텔리전트 케이스」를 도입했으며, GPS로 와인병을 추적하고 상자를 개봉한 타이밍을 알 수 있는「커넥티드 케이스」도 도입했다.

게다가 로랑은 와인 업계를 뒤흔든 위조범 루디 쿠르니아완(Rudy Kurniawan)의 체포 계기를 만들고, 증인으로 재판에 입회하기도 했다.

2008년 4월 25일 뉴욕에서 개최된 경매에 위조범 루디는 97병의 위조 와인(도멘 퐁소)을 출품했다. 그중에 1929년산 클로 드 라 로슈, 1945~71년산 클로 생 드니(오른쪽 사진)가 있었는데, 사실 클로 드 라 로슈는 1934년이 첫 빈티지이고, 클로 생 드니도 1980년대까지 생산되지 않아서 **양쪽 모두 존재하지 않는 빈티지**였다.

경매 당일 부르고뉴에서 뉴욕으로 날아온 로랑은, 경매 개시 10분 뒤에 경매장에 도착해 그 자리에서 출품 철회를 요구했다. 이 사건이 계기가 되어 4년 뒤에 루디 쿠르니아완이 체포되었다.

클로 생 드니 도멘 퐁소
CLOS SAINT DENIS
DOMAINE PONSOT
약 87만 원

로랑과 관련된 이야기로 2016년에 열린 오스피스 드 본(Hospices de Beaune)의 경매에 대한 것도 있다. 나는 그 해에 도멘 퐁소가 만든 「코르통」을 낙찰받기 위해 경매에 참가했다.

나와 동행한 여성은 눈독을 들이던 코르통을 손에 넣으려 기를 쓰고 경매 번호 팻말을 계속 들어올렸다. 그리고 가격이 오를 때마다 입찰자가 줄어들어 결국 남성 한 명과 우리의 경쟁이 되었다. 경매장이 커서 그 남성이 누구인지 명확히 알 수 없었는데, 나중에 알고 보니 **와인을 생산한 장본인인 로랑 퐁소였다.**

2016년을 마지막으로 도멘 퐁소를 떠나 아들과 함께 새로운 와이너리를 세운 로랑은, 도멘 퐁소의 양조가로서 마지막 해에 만든 코르통을 경매에서 직접 낙찰받으려 했던 것이다.

하지만 경쟁하던 우리가 여성이어서 로랑은 입찰을 포기하고 양보했다고 한다. 이처럼 신사적인 행동으로 나는 더더욱 퐁소의 팬이 되어버렸다.

# 와인의 가치를 결정하는 「평가」

## 파커 포인트

유명 와인평론가, 그리고 와인 전문 미디어의 평가는 와인의 가치에 큰 영향을 미친다.

그중에서도 미국의 와인평론가 로버트 파커의 「**파커 포인트**」는 압도적인 영향력을 발휘한다. 미디어나 와인숍에서는 「RP」라고 표기하기도 한다. 파커 포인트는 기초점수 50점, 맛 20점, 향 15점, 전체적인 품질 10점, 외관 5점으로 합계 100점 만점이다.

파커 포인트에서 고득점을 받으면 아무리 이름 없는 와인이라도 단번에 스타덤에 오를 정도로 압도적인 영향력을 자랑한다.

| 파커 포인트의 점수와 평가 | |
|---|---|
| **96~100** 점 | 최고급 와인. 소장 가치가 있는 와인. |
| **90~95** 점 | 복잡미묘함을 갖춘 훌륭한 와인. |
| **80~89** 점 | 평균을 웃돈다. 결점이 없다. |
| **70~79** 점 | 대체로 평균적인 와인. 평범하고 무난하다. |
| **60~69** 점 | 평균 이하. 산도나 타닌이 지나치게 강하다. 향이 없다. |
| **50~59** 점 | 형편없다. |

그러나 이미 일흔을 넘긴 고령의 파커는 2019년 5월 은퇴를 선언하고 일선에서 물러났다. 그럼에도 지금까지 파커가 내린 평가는 앞으로도 계속해서 와인의 가치에 커다란 영향을 미칠 것이다.

## 와인 애드버킷

로버트 파커가 1978년에 창간한 와인 전문지가 《**와인 애드버킷**》이다. 뒤에 소개할 《와인 스펙테이터》와 함께 양대 와인 전문지로서 막대한 영향력을 지닌 미디어이다. 와인 애드버킷의 평가는 「WA」라고 표기한다.

2001년부터는 파커가 스태프에게 평가를 맡겼고, 10여 명의 스태프가 각각 가장 잘 아는 산지를 테이스팅하고 평가한다. WA 사이트에는 누가 테이스팅했는지도 기재되어 있다.

와인 애드버킷의 테이스터였던 **안토니오 갈로니(AG)**의 평가도 시장에서 자주 보게 된다. 파커의 오른팔로 큰 신뢰를 받던 갈로니는 현재 독립하여 「**Vinous(비노스)**」라는 유료 와인 사이트를 설립했다. 2017년에는 와인 애드버킷의 주요 인물이던 **닐 마틴**도 비노스로 이적했다.

## 와인 스펙테이터

그리고 또 하나의 저명한 와인 미디어로 《**와인 스펙테이터(WS)**》가 있다. 《와인 애드버킷》과 마찬가지로 여러 스태프가 각각 가장 잘 아는 산지를 담당하고 평가한다.

와인 스펙테이터에서는 블라인드 테이스팅으로 해마다 「Top 100 와인」을 선정하는데, 여기에 뽑히는 것도 와인 가격에 큰 영향을 미친다.

또한 와인 스펙테이터의 부편집장을 맡았던 **제임스 서클링(JS)**도 아시아를 중심으로 큰 신뢰를 받는 평론가이다. 서클링은 특히 이탈리아와 보르도를 중심으로 시음한다.

## 그 밖의 유명 미디어와 평론가

영국의 《**디캔터**》도 저명한 와인 전문지 중 하나이다. 디캔터는 세계에서 가장 많은 발행 부수를 자랑하며, 전 세계 90개국 이상에서 판매되고 있다.

1984년에 여성 최초로 마스터 오브 와인의 칭호를 받은 **잰시스 로빈슨**도 유명한 와인 평론가이다. 가장 신뢰받는 평론가로 불리는 로빈슨은 영국 왕실 와인 셀러의 어드바이저이기도 하다.

테이스팅의 달인으로 유명한 **마이클 브로드벤트**의 평가도 영향력이 높아서 와인 관계자들의 주목을 받는다. 브로드벤트의 채점은 「MB」로 표기되며 점수는 별의 개수로 나타낸다. 별 5개가 만점인데 드물게 별이 6개인 경우도 있다.

| 평가자 | 채점 방식 | 시장에서의 표기 |
|---|---|---|
| 로버트 파커 (파커 포인트) | **100**점 만점 | RP, 파커 포인트 |
| 와인 애드버킷(잡지) | **100**점 만점 (산지별 전문 담당자가 채점) | WA |
| 와인 스펙테이터(잡지) | **100**점 만점 (산지별 전문 담당자가 채점) | WS |
| 안토니오 갈로니 | **100**점 만점 | AG |
| 제임스 서클링 | **100**점 만점 | JS |
| 디캔터(잡지) | **100**점 만점 | 디캔터, 디칸터 |
| 잰시스 로빈슨 | **20**점 만점 | 잰시스 로빈슨 |
| 마이클 브로드벤트 | 별 **5**개(드물게 별 6개) | MB |

보르도의 5대 샤토

# BORDEA BIG FIVE

# UX'S

프랑스 보르도 지방에는 지역별로 샤토(생산자)에 등급이 매겨져 있다(일부 지역 제외). 특히 「메도크 지역」의 등급이 유명한데, 1855년에 1~5등급으로 샤토의 우열이 정해졌다(메도크 등급).

메도크 등급에서 1등급으로 선정된 샤토 4개, 그리고 나중에 2등급에서 1등급으로 승격된 샤토 1개를 합친 5개의 샤토를 「보르도 5대 샤토」라고 부르는데, 지금도 여전히 부동의 지위를 차지하고 있다.

다른 샤토와 비교할 수 없는 오랜 역사와 절대적 품질을 갖춘 5대 샤토의 와인은 전 세계적으로 활발하게 거래되고 있다.

샤토 라피트 로쉴드

# CHATEAU LAFITE ROTHSCHILD

참고가격

약 110 만 원

주요사용품종

카베르네 소비뇽, 메를로, 프티 베르도

GOOD VINTAGE

1848, 65, 70, 1953, 59, 82, 86, 90, 96, 2000, 08, 09, 10, 16, 17, 18

로쉴드가의 초석을 세운 5형제를 기리는 의미에서 「5개의 화살」이 새겨져 있다.

## 퐁파두르 부인도 맹목적으로 사랑한, 보르도 부동의 최고 샤토



메도크 등급에서 1등급 샤토 중 최고로 선정되어「1등급 중의 1등급」으로 굳건하게 자리매김하고 있는 와인이 샤토 라피트 로쉴드이다.

18세기 루이 15세의 애첩이던 퐁파두르 부인이 라피트에 흠뻑 빠져, 베르사유 궁전의 만찬에서「나는 라피트만 마신다」라고 선언하면서부터 그 명성이 확고해졌다.

궁정에서 인기를 얻은 라피트는 **「The King's Wine(왕의 와인)」**이라 불리며 명성을 떨쳤고, 프랑스 국내에서도 품귀 상태가 일어나 특히 영국이나 네덜란드의 수입업자가 물량 확보에 애를 먹었다고 한다.

당시 미합중국 공사로 부임한 토머스 제퍼슨도 라피트에 매료된 사람 중 한 명이었다. 제퍼슨이 공사라는 지위를 이용해 라피트를 몇 통이나 구입했다는 것은 유명한 일화이다.

20세기 후반에는 제퍼슨이 소유했던 것으로 추정되는 1787년산 라피트가 파리에서 발견되어 큰 화제가 되었다.「Th. J」라는 제퍼슨의 이니셜이 새겨진 이 와인은 **「제퍼슨 보틀」**이라 불리며 약 10만5천 파운드라는 파격적인 금액에 낙찰되었다.

하지만 이 와인은 결국「가짜」로 판명되었다. 정밀조사 결과 와인병에 새겨진 제퍼슨의 이니셜은 당시에는 존재하지 않았던 치아를 깎는 기계로 새긴 조악한 것이었다.

이 소동은 훗날 매튜 맥커너히를 주연으로 영화화가 진행되었으나, 가짜를 구입한 미국의 대부호가 자신의 명예를 위해 권리를 사들여 유감스럽게도 계획이 보류되었다.

메도크 등급에서 최고의 평가를 받은 라피트는 그 뒤에도 순조롭게 와인 비즈니스를 진행했다.

하지만 당시 샤토의 소유자였던 네덜란드 상인 가문(Vanlerberghe)은 샤토를 경매에 내놓았다. 그리고 경합 끝에 이 최고의 샤토를 새로 손에 넣은 사람은 금융계의 주요 인물로 예전부터 와인 비즈니스에 흥미를 가졌던 제임스 로쉴드 남작이었다. 그 결과 샤토 라피트는 **「샤토 라피트 로쉴드」로 이름을 바꾸어 현재에 이르고 있다.**

로쉴드가의 소유가 된 뒤 메도크 지역에는 「Golden age」라 불리는 황금시대가 찾아와 고급와인 붐이 일었다. 하지만 기쁨도 잠시, 해충 필록세라에 의해 포도밭이 전멸하고, 전쟁으로 인한 불황과 독일군의 약탈 등으로 라피트는 고난의 시대를 맞이한다.

그러나 금융업계를 좌지우지하는 로쉴드가의 수완으로, 1945년에 전쟁이 끝난 뒤부터 샤토가 재건되어 서서히 그 명성을 회복했다.

하지만 1959년 이후 한동안 침체기가 이어졌다. 보르도가 흉작으로 신음한 70년대에는 특히 라피트의 와인이 「묽다」는 혹평을 받았다.

그 뒤에 품질이 크게 개선되었다고 인정받은 것은 1981년의 일로, 이후 보르도가 풍작이었던 82년산을 기점으로 각 평론가는 라피트의 슬럼프가 끝났다고 선언했다. 로버트 파커도 82년산 라피트에 대해 「슈퍼 리치」, 「21세기까지 마시면 안 된다」라고 단단한 골격을 강조한 코멘트를 남겼고, 53년과 59년 이래 가장 뛰어난 완성도라며 부활을 기뻐했다.

이렇게 해서 라피트는 일본의 버블 시기, 미국의 고급와인 붐, 홍콩의 경매 러시 등에 편승해 대표적인 고급와인으로 그 이름을 세계에 널리 알렸다.

카뤼아드 드 라피트

# CARRUADES DE LAFITE

라피트의 세컨드 와인. 세컨드라 해도 퍼스트 와인과 마찬가지로 심혈을 기울여 만든 최고의 와인이다. 연간 2만 케이스를 생산하며 품질이 늘 안정적이라는 평가를 받는다. 이름은 1845년 샤토에서 구입한 밭 이름인 「CARRUADES」에서 유래하였다.

약 40만 원

샤토 마고

# CHÂTEAU MARGAUX

참고가격

약 85 만 원

주요사용품종

카베르네 소비뇽, 메를로, 프티 베르도

GOOD VINTAGE

1900, 28, 53, 82, 86, 90, 95, 96, 2000, 05, 09, 10, 15, 16, 17

라벨에 그려진 건물은 1801년에 세워졌다. 당시 프랑스에서는 드물었던 네오 팔라디안 스타일의 건축물로, 「메도크의 베르사유」로 불리며 샤토의 상징이 되었다.

## 400년 전부터 격이 다른 품질



샤토 마고는 「**보르도에서 가장 여성적인 와인**」이라 불리며, 라벨에 그려진 아름다운 성과 함께 품위 있고 우아한 와인으로 알려져 있다. 어릴 때는 힘차고 강한 남성적인 풍미이지만, **숙성하면서 부드럽고 여성적인 와인으로 변모**한다.

마고가 이름을 떨치기 시작한 때는 16세기였다. 16세기 후반에 영국인이나 네덜란드인 사이에서 보르도의 레드와인이 유행하면서 그에 편승하여 조악한 와인이 다수 나돌았는데, 이미 뛰어난 포도 재배 기술을 갖춘 마고의 와인은 **당시부터 다른 와인과는 격이 다른 품질**로, 그 소문이 유럽 각국에 퍼질 정도였다. 1705년에는 처음으로 런던에서 보르도 와인의 경매가 열렸는데, 그때도 출품된 오크통 230개의 마고 와인이 전부 고가로 매진되었다.

영국의 초대 총리로 알려진 로버트 월폴 경도 마고 마니아로, 3개월에 4통이나 마고를 조달할 정도였다고 한다. 그는 엘리트 영국인의 모범이었기 때문에, 이보다 고급 클라레(보르도의 레드와인)를 즐겨야 진짜 엘리트라는 이미지가 일반화되기 시작했다.

미국의 제3대 대통령 토머스 제퍼슨도 마고를 매우 좋아해서 「There couldn't be a better Bordeaux bottle(어떤 보르도 와인보다도 훌륭하다)」는 코멘트를 남겼다.

또한 **베르사유 궁전에서도 마고는 라피트와 인기를 양분하는 존재**로, 퐁파두르 부인이 라피트에 흠뻑 빠진 반면 뒤바리 부인은 마고를 좋아해서 두 사람은 이를 두고도 서로 경쟁했다고 한다.

1855년 메도크 등급에서 예상대로 1등급에 선정된 마고는 그 뒤에도 순조롭게 「와인의 여왕」 자리를 지켰다.

하지만 곧이어 보르도를 덮친 해충 필록세라에 의해 마고의 밭은 거의 전멸했고, 그 뒤에도 세계대공황과 세계대전 등 고난의 시대가 이어져 마고의 경영은 악화일로를 걸으면서 그 평가는 급격히 추락했다.

그런 샤토를 구원한 것이 1900년산 마고였다. 1900년에는 보르도 전체가 풍작이었지만, **특히 1900년산 마고는 다른 샤토와 확실히 구별되는 완성도여서 이 빈티지 덕분에 마고는 그 역사와 위엄을 지킬 수 있게 되었다.**

1900년산 마고는 100년이 넘은 지금도 신선함이 살아 있어, 시음 적기가 2030년까지 계속된다고 할 정도로 경이로운 와인이다. 와인평론가 로버트 파커도 극찬을 아끼지 않았다.

이렇게 부활한 마고였지만 1970년대 들어 발표한 와인은 평론가들로부터 모조리 혹평을 받았는데, 특히 73년의 완성도가 치명타가 되어 그 명성은 다시 땅에 떨어지고 말았다.

그 결과 1977년에 그리스인 억만장자 안드레 멘첼로풀로스(Andre Mentzelopoulos)가 샤토를 7천2백만 프랑이라는 파격적인 금액에 구입했고, 그 뒤로 부친에게서 샤토를 물려받은 코린느(Corinne) 여사가 샤토를 재정비해 지금은 불과 81명의 사원(2018년 5월 기준)이 1000억 원 이상을 벌어들이는 샤토로 성장시켰다. 현재는 **가장 적은 인원으로 1000억 원 이상 버는 기업**으로 세계에 널리 알려져 있으며, 연간 30만 병이 넘는 와인을 생산한다.

파비용 루주 뒤 샤토 마고

# PAVILLON ROUGE DU CH. MARGAUX

지금으로부터 100년도 더 전인 1908년에 퍼스트 와인의 기준에 미치지 못하는 포도를 사용해 만들기 시작한 마고의 세컨드 와인이다. 현재는 퍼스트 와인용 포도를 사용해 파비용 루주의 독자적인 블렌딩으로 마고다운 부드러운 풍미를 빚어낸다. 타닌이 강하고 과일맛이 풍부하며, 30~40년은 숙성시킬 수 있는 장기숙성형 와인으로 유명하다.

약 27만 원

샤토 라두르
# CHATEAU LATOUR

참고가격

약 94만 원

주요사용품종

카베르네 소비뇽, 메를로, 카베르네 프랑

GOOD VINTAGE

1921, 48, 49, 55, 59, 61, 62, 66, 71, 75, 78, 82, 90, 95, 2000, 03, 05, 09, 10, 12, 15, 16, 17

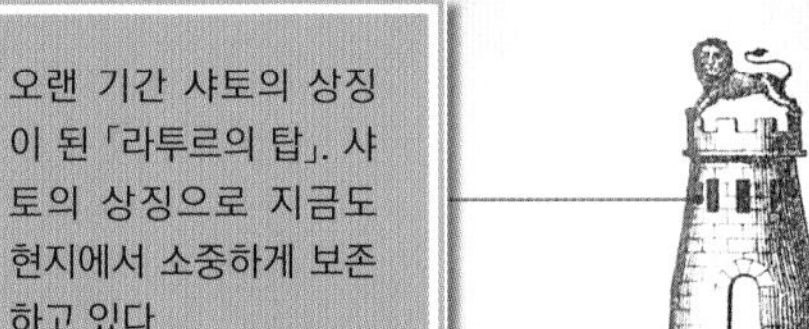

오랜 기간 샤토의 상징이 된「라투르의 탑」. 샤토의 상징으로 지금도 현지에서 소중하게 보존하고 있다.

## 구찌의 오너가 실현한 안정적인 품질



1718년 「The prince of vines(포도의 왕자)」라고 불리는 세귀르 백작이 라투르를 소유하면서 본격적인 와인 양조가 시작되었다.

백작은 양조 실력을 발휘하여 후에 라투르가 메도크 등급에서 1등급을 획득하는 데 크게 공헌했다. 메도크 등급 이전인 1787년에 이미 다른 샤토의 20배 이상의 가격으로 거래되었다는 기록이 남아 있어서, 당시부터 인기가 높았다는 사실을 엿볼 수 있다.

라투르 와인은 장기숙성형이 많은 보르도와 5대 샤토의 와인 중에서도 특히 「수명이 길다」고 알려져 있다. 타닌이 매우 강해서 **진정한 풍미를 알려면 적어도 15년은 걸린다**고 한다.

이는 라투르가 지닌 타고난 토양과 입지조건 때문이다. 샤토 근처에 펼쳐진 「랭클로(L'Enclos)」라고 불리는 약 47*ha*의 밭은 보르도에서 가장 우수한 테루아를 가진 땅이다. 이 땅에 심은 100년 이상의 수령을 자랑하는 나무에서 수확한 포도가 와인에 강력한 타닌과 우아함, 깊이를 만든다.

또한 최근에는 그 **품질이 매우 안정되어 있는** 것으로도 유명하다. 「보르도의 악몽」이라 불릴 정도로 춥고 햇살이 부족해 와인 생산을 단념한 샤토가 속출했던 1991년조차도, 라투르는 생산량을 억제하면서도 로버트 파커로부터 「응축감과 품위가 있다」는 평을 받은 훌륭한 와인을 생산했다.

게다가 1993년, **구찌와 크리스티스의 오너이기도 한 프랑스의 대부호 프랑수아 피노**의 소유가 된 라투르는 풍부한 자금력으로 최신 설비를 갖췄다. 컴퓨터로 온도를 관리하고, 탱크에 따라 맛이 달라지지 않도록 초대형 탱크로 한 번에 블렌딩하는 방법 등으로 한층 더 안정된 품질을 실현했다.

그 덕분에 근래에 가장 더웠던 2003년에 많은 샤토가 건조와 물 부족으로 허덕일 때도, 일찍 수확한 메를로 품종의 비율을 높여 완성한 라투르 와인은 파커 포인트에서 **흠잡을 데 없는 100점을 획득**했다.

2012년에는 프리뫼르(보르도 지방에서 열리는 와인 선물거래. 숙성 단계의 와인을 판매한다) 시스템에서 탈퇴를 결정해 화제가 되었다. 이것은 **마시기 적당한 시기까지 숙성시켜서 출하하겠다**는 뜻이다.

이를 위해서 라투르는 자사의 셀러에서 와인을 수년 동안 숙성시켜야 되므로, 그동안은 자금을 회수할 수 없다. 이 역시 자금 조달에 문제가 없는 피노의 소유이기에 내릴 수 있는 결단이다.

이렇게 되면서 일부 투자자나 와인펀드가 프리뫼르에서 매점매석하던 라투르 와인이, 일반 소비자도 손에 넣을 수 있는 가격이 되지 않을까 하는 기대가 높아지고 있다.

또한 라투르는 2015년부터 100% 오가닉 양조를 실시한다고 발표했다.

예전부터 와인에 미치는 농약의 영향이 큰 문제였는데, 수확한 포도를 씻지 않고 딴 그대로 압착하기 때문이다. 즉, 포도에 뿌려진 농약이 와인에도 그대로 들어가기 때문에, 오래전부터 건강에 미치는 피해가 지적되었다. 실제로 와인 생산자 중에는 농약 때문에 건강을 해친 사람이 있을 정도이다.

하지만 오가닉 농법을 시행하려면 수고와 시간, 그리고 인건비 등의 비용이 든다. 또한 생산량도 20% 정도 줄어들기 때문에 도입을 주저하는 샤토도 많은 것이 현실이다.

특히 넓은 밭을 소유한 경우에는 막대한 경비가 드는데, 라투르는

2008년부터 본격적으로 오가닉을 위한 준비를 시작했다. 그리고 마침내 2018년산부터 오가닉 와인을 발매하기 시작했다.



SECOND WINE

레 포르 드 라투르

## LES FORTS DE LATOUR

1966년의 첫 빈티지 이후 한정된 해에만 생산했지만, 1990년부터는 본격적으로 생산하기 시작했다. 퍼스트 와인용 포도 중에 블렌딩할 때 시음 판정에서 품질이 부족하다고 판정된 포도를 사용하는데, 세컨드이면서도 메도크 등급에 선정된 다른 와인과 어깨를 나란히 한다는 평가를 받는다.

약 29만 원

THIRD WINE

포이약 드 라투르

## PAUILLAC DE LATOUR

세컨드 와인의 기준에 미치지 못하는 포도를 사용한 서드 와인이다. 생산량이 퍼스트의 1/10 정도여서 희소성이 높다. 사실 서드 와인을 생산하기 시작한 것은 라투르가 처음이다.

약 10만 원

샤토 오 브리옹

# CHATEAU HAUT-BRION

참고가격

약 73 만 원

주요사용품종

메를로, 카베르네 소비뇽, 카베르네 프랑

GOOD VINTAGE

1926, 28, 45, 55, 61, 89, 90, 98, 2000, 05, 09, 10, 12, 15, 16

다른 와인에서는 볼 수 없는 독특한 병 모양은 가짜 오 브리옹이 유통되는 것을 막기 위해 특별히 고안하여 만들어낸 와인병이다.

## 심사 대상 지역이 아닌데도 1등급에 선정! 영국에서 특히 사랑 받는 샤토



1855년의 메도크 등급에서 유일하게 심사 대상인 메도크 지역이 아닌 그라브 지역에서 1등급에 선정된 것이 샤토 오 브리옹이다. 1500년대부터 양조를 해온 유서 깊은 샤토로 유럽에서 이미 그 명성이 자자했기 때문에 **유일하게 예외가 인정**된 것이다. 최근에는 샤토 내에서 1423년에 포도를 재배했다는 기록도 발견되어, 가장 역사가 오래된 샤토로도 화제가 되고 있다.

원래 습지였던 메도크에 비해 단단한 토양, 풍부한 일조량이 확보된 그라브 지역은 예로부터 포도 재배에 적합한 토지로 번성해왔다.

오 브리옹의 와인에도 그라브의 특성이 발휘되어 메도크에서 만드는 다른 5대 샤토의 와인에 비해 실크처럼 부드러워 마시기 쉽고, 또한 어릴 때부터 즐길 수 있기 때문에 **「5대 샤토 중 시음적기가 가장 길다」**고 한다.

오 브리옹은 특히 영국에서 높은 인기를 자랑했다. 1660, 61년의 왕실 주최 디너에서 169병의 오 브리옹이 서빙되었다는 기록이 찰스 2세 시대의 장부에 남아있다. 그래서 오 브리옹은 **가장 오래된 명품 브랜드**로도 인정받고 있다.

또한 그 당시의 로버트 파커라고 할 수 있는, 영국의 관료였던 새뮤얼 피프스(Samuel Pepys)도 런던에서 시음한 오 브리옹에 대해 「지금까지 접해보지 못한 훌륭하고 특별한 와인을 맛보았다. 호 브라이언(Ho Bryan, 오 브리옹을 영어식으로 표현한 것)이라는 프랑스의 레드와인이다」라는 코멘트를 남겼다. 게다가 1666년에는 런던에 오 브리옹 전문 비스트로가 문을 여는 등 그 인기가 어느 정도였는지 알 수 있다.

그 시대부터 오 브리옹과 영국의 관계는 오랫동안 이어져 **지금도 오 브리옹은 영국의 저명한 평론가들로부터 높은 평가를 받고 있다.**

오 브리옹은 고급 화이트와인인 **「샤토 오 브리옹 블랑」**으로도 유명하다.

그라브 지역은 메도크보다 평균 기온이 2~3℃ 높은 것이 특징인데, 이는 화이트와인용 품종인 세미용이나 소비뇽 블랑에 적합한 환경이기도 하다.

이 화이트와인은 해마다 파커 포인트 고득점을 획득했을 뿐 아니라, 생산량도 불과 450~650케이스(5,400~7,800병)로 매우 소량이기 때문에 경매에서도 고가에 거래된다.

샤토 오 브리옹 블랑
CH. HAUT BRION BLANC
약 110만 원

르 클라랑스 드 오 브리옹

# LE CLARENCE DE HAUT-BRION

오 브리옹의 세컨드 와인. 오 브리옹은 오래전부터 세컨드 와인을 생산해서 17세기부터 만든 것으로 알려져 있다. 처음에는 「샤토 바앙 오 브리옹(Chateau Bahans Haut-Brion)」이라는 브랜드로 판매되었으나, 클라랑스 딜롱가의 소유 75주년을 기념하여 2007년에 「르 클라랑스 드 오 브리옹」으로 바뀌었다. 퍼스트 와인과 같은 밭에서 수확했으나 퍼스트의 기준에 미치지 못하는 포도를 사용하지만, 그 품질은 로버트 파커도 극찬할 정도이다. 담배향과 부드러운 풍미가 특징이다.

약 17만 원

샤토 무통 로쉴드

# CHÂTEAU MOUTON ROTHSCHILD

참고가격

약 78 만 원

주요사용품종

카베르네 소비뇽, 메를로, 카베르네 프랑, 프티 베르도

GOOD VINTAGE

1929, 45, 47, 55, 59, 61, 82, 86, 98, 2005, 09, 10, 15, 16, 17, 18

해마다 유명 아티스트가 라벨을 디자인하는 것으로 유명하다.

## 「피카소」 라벨에 담긴 긴 세월의 의지



무통 로쉴드는 **해마다 바뀌는 예술적인 라벨**로 유명하다. 라벨의 그림을 그린 아티스트로 피카소, 샤갈, 프랜시스 베이컨 등 회화 경매에서도 고가에 낙찰되는 일류 아티스트의 이름이 즐비하다.

그중에서도 존 휴스턴이 그린 귀여운 무통(양) 그림을 넣은 1982년산(왼쪽 사진)은, 보르도가 풍작이었던 상황도 맞물려서 수집가들이 반드시 몇 병씩 간직하는 인기 빈티지이다.

또한 **피카소가 그림을 그린 1973년산**도 무통 마니아라면 놓칠 수 없다. 이 해는 샤토의「기념비적인 해」이기 때문이다.

무통이 지금의 이름을 갖게 된 것은 1853년의 일이다. 금융으로 큰 돈을 번 영국 로쉴드가의 일원인 너새니얼 로쉴드가 샤토를 구입해「샤토 무통 로쉴드」라고 이름을 고치면서 새로운 역사가 시작되었다.

무통은 라피트와 라투르를 소유하고 있던 2대 전 오너인 세귀르 백작에 의해 토대가 만들어졌고, 다음 오너인 브란 남작은 무통이 라피트나 라투르와 비슷한 가격에 거래될 정도로 품질을 향상시켰다.

그래서 무통 로쉴드로 이름을 바꾸고 2년 뒤에 선정한「메도크 등급」에서, 누구도 무통의 1등급 획득을 의심하지 않았다.

하지만 **결과는 설마했던「2등급」**. 너새니얼이 영국인이었다는 점, 또한 부친이 나폴레옹의 패전을 이용해 거액의 부를 획득한 인물이었다는 점 때문에, 프랑스인 심사위원들이 너새니얼을 탐탁지 않게 여긴 것이 아닌지 등 다양한 억측이 나돌았다.

발표 결과를 들은 너새니얼은「1등급은 못 되었지만 2등급에 안주하지 않겠다. 무통은 무통이다」라는 말을 남기고 1등급 획득을 위해 분발했다.

그리고 118년의 세월이 흘러 무통은 마침내 1등급으로 승격되었다. 이 해가 **기념비적인 1973년**이다. 공교롭게도 1973년은 기후가 좋지 않아 품질은 최악이라고 할 정도였지만, 무통 마니아는 축하 자리에서 반드시 승리를 의미하는 이 술을 맛본다.

라벨에는 「**PREMIER JE SUIS, SECOND JE FUS MOUTON NE CHANGE (1등급을 획득했다. 전에는 2등급이었지만 무통은 예전에도 지금도 변함 없다)**」라고 쓰여 있다.

피카소가 그린 1973년산 무통의 라벨.
©Gilbert LE MOIGNE

덧붙여 말하면 무통은 캘리포니아가 와인 산지로서 아직 세계적으로 알려지지 않았던 1970년대에, 캘리포니아 진출을 시도한 프랑스 샤토로도 유명하다.

캘리포니아 와인의 아버지라고 불리는 로버트 몬다비와 함께 올드 월드와 뉴 월드의 융합이라 할 수 있는 「오퍼스 원」(→ p.198)을 탄생시켰다.

르 프티 무통 드 무통 로쉴드

# LE PETIT MOUTON DE MOUTON ROTHSCHILD

1994년부터 본격적으로 생산하기 시작한 무통의 세컨드 와인. 어린 나무의 포도를 사용해 퍼스트 와인과 같은 방법으로 만든다. 발매 당시의 평가는 그다지 높지 않았으나, 2005년 이후 품질을 향상시켜 2009년과 2010년에 높은 평가를 받았고, 지금은 5대 샤토의 세컨드 와인 중에서 가장 거래량이 많다.

약 34만 원

# 메도크 등급_ 샤토 리스트

## 1등급 프리미에 그랑 크뤼(PREMIERS GRANDS CRUS)

| 샤토 이름 | AOC | 샤토 이름 | AOC |
|---|---|---|---|
| 샤토 라투르<br>Château Latour | 포이약 | 샤토 마고<br>Château Margaux | 마고 |
| 샤토 라피트 로쉴드<br>Château Lafite-Rothschild | 포이약 | 샤토 오 브리옹<br>Château Haut-Brion | 페삭 레오냥 |
| 샤토 무통 로쉴드<br>Château Mouton Rothschild | 포이약 | | |

## 2등급 두지엠 그랑 크뤼(DEUXIÈMES GRANDS CRUS)

| 샤토 이름 | AOC | 샤토 이름 | AOC |
|---|---|---|---|
| 샤토 그뤼오 라로즈<br>Château Gruaud Larose | 생쥘리앵 | 샤토 피숑 롱그빌 바롱<br>Château Pichon-Longueville Baron | 포이약 |
| 샤토 뒤크뤼 보카유<br>Château Ducru-Beaucaillou | 생쥘리앵 | 샤토 피숑 롱그빌 콩테스 드 랄랑드<br>Château Pichon-Longueville Comtesse de Lalande | 포이약 |
| 샤토 레오빌 라스 카즈<br>Château Leoville Las Cases | 생쥘리앵 | 샤토 뒤르포르 비방<br>ChÂteau Durfort-Vivens | 마고 |
| 샤토 레오빌 바르통<br>Château Leoville Barton | 생쥘리앵 | 샤토 라스콩브<br>Château Lascombes | 마고 |
| 샤토 레오빌 푸아페레<br>Château Leoville-Poyferre | 생쥘리앵 | 샤토 로장 가씨<br>Château Rauzan-Gassies | 마고 |
| 샤토 몽로즈<br>Château Montrose | 생테스테프 | 샤토 로장 세글라<br>Château Rauzan-Segla | 마고 |
| 샤토 코스 데스투르넬<br>Château Cos d'Estournel | 생테스테프 | 샤토 브랑 캉트낙<br>Château Brane-Cantenac | 마고 |

## 3등급 트루아지엠 그랑 크뤼(TROISIÈMES GRANDS CRUS)

| 샤토 이름 | AOC | 샤토 이름 | AOC |
|---|---|---|---|
| 샤토 라 라귄<br>Château la Lagune | 오 메도크 | 샤토 말레스코 생텍쥐페리<br>Château Malescot Saint-Exupery | 마고 |
| 샤토 라그랑주<br>Château Lagrange | 생쥘리앵 | 샤토 보이드 캉트낙<br>Château Boyd-Cantenac | 마고 |
| 샤토 랑고아 바르통<br>Château Langoa Barton | 생쥘리앵 | 샤토 지스쿠르<br>Château Giscours | 마고 |
| 샤토 칼롱 세귀르<br>Château Calon Segur | 생테스테프 | 샤토 캉트낙 브라운<br>Château Cantenac Brown | 마고 |
| 샤토 데미라유<br>Château Desmirail | 마고 | 샤토 키르왕<br>Château Kirwan | 마고 |
| 샤토 디상<br>Château d'Issan | 마고 | 샤토 팔머<br>Château Palmer | 마고 |
| 샤토 마르키 달레슴 베케르<br>Château Marquis d'Alesme Becker | 마고 | 샤토 페리에르<br>Château Ferriere | 마고 |

## 4등급 카트리엠 그랑 크뤼(QUATRIÈMES GRANDS CRUS)

| 샤토 | 지역 | 샤토 | 지역 |
|---|---|---|---|
| 샤토 라 투르 카르네<br>Château la Tour Carnet | 오 메도크 | 샤토 라퐁 로셰<br>Château Lafon-Rochet | 생테스테프 |
| 샤토 베슈벨<br>Château Beychevelle | 생쥘리앵 | 샤토 뒤아르 밀롱<br>Château Duhart-Milon | 포이약 |
| 샤토 브라네르 뒤크뤼<br>Château Branaire-Ducru | 생쥘리앵 | 샤토 마르키 드 테름<br>Château Marquis de Terme | 마고 |
| 샤토 생 피에르<br>Château Saint-Pierre | 생쥘리앵 | 샤토 푸제<br>Château Pouget | 마고 |
| 샤토 탈보<br>Château Talbot | 생쥘리앵 | 샤토 프리외레 리쉰<br>Château Prieure-Lichine | 마고 |

## 5등급 생키엠 그랑 크뤼(CINQUIÈMES GRANDS CRUS)

| 샤토 | 지역 | 샤토 | 지역 |
|---|---|---|---|
| 샤토 그랑 퓌 뒤카스<br>Château Grand-Puy Ducasse | 포이약 | 샤토 클레르 밀롱<br>Château Clerc Milon | 포이약 |
| 샤토 그랑 퓌 라코스트<br>Château Grand-Puy-Lacoste | 포이약 | 샤토 페데스클로<br>Château Pedesclaux | 포이약 |
| 샤토 다르마이약<br>Château d'Armailhac | 포이약 | 샤토 퐁테 카네<br>Château Pontet-Canet | 포이약 |
| 샤토 린치 무사<br>Château Lynch-Moussas | 포이약 | 샤토 도작<br>Château Dauzac | 마고 |
| 샤토 린치 바쥐<br>Château Lynch-Bages | 포이약 | 샤토 뒤 테르트르<br>Château du Tertre | 마고 |
| 샤토 바타이<br>Château Batailley | 포이약 | 샤토 벨그라브<br>Château Belgrave | 오 메도크 |
| 샤토 오 바쥐 리베랄<br>Château Haut-Bages Liberal | 포이약 | 샤토 카망삭<br>Château Camensac | 오 메도크 |
| 샤토 오 바타이<br>Château Haut-Batailley | 포이약 | 샤토 캉트메를르<br>Château Cantemerle | 오 메도크 |
| 샤토 크르와제 바쥐<br>Château Croizet-Bages | 포이약 | 샤토 코스 라보리<br>Château Cos Labory | 생테스테프 |

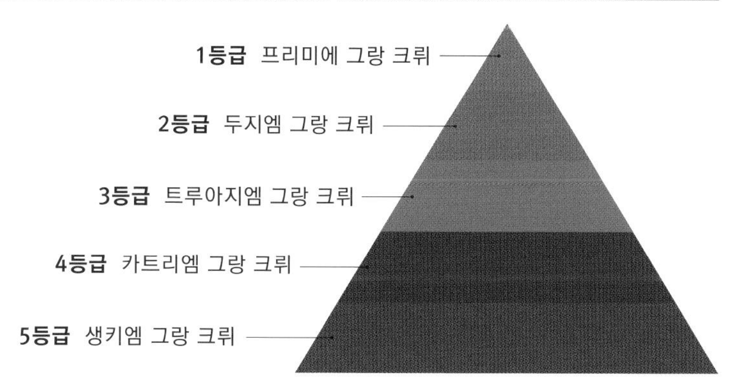

보르도 좌안

# LEFT BA
# BORDEA

# NK
# UX

보르도를 흐르는 가론강은 시 북부에서 도르도뉴강과 합류하여 지롱드강이 되어 대서양으로 흘러든다(→ p.21 참조).
보르도에서는 이 유역을 따라 포도밭이 늘어서 있는데, 지롱드강을 사이에 두고 메도크, 그라브, 소테른 지역이 있는 쪽을 「좌안」, 포므롤과 생테밀리옹 지역이 있는 쪽을 「우안」이라고 부른다.
5대 샤토도 좌안에 있으며 그 밖에도 좌안에는 유서 깊은 위대한 샤토가 많이 있다. 그 가운데 몇 곳을 소개한다.

사도 길롱 세귀르

# CHÂTEAU CALON-SÉGUR

참고가격

약 16 만 원

주요사용품종

카베르네 소비뇽, 메를로, 카베르네 프랑, 프티 베르도

GOOD VINTAGE

1924, 26, 28, 29, 47, 49, 53, 95, 2000, 05, 09, 10, 15, 16, 17, 18

사랑을 전하는 와인으로 널리 알려져 있어서, 발렌타인데이에 마시고 싶은 와인으로도 인기가 많다.

## 포도의 왕자가 사랑한, 「사랑」을 전하는 와인

하트가 그려진 라벨이 인상적인 칼롱 세귀르는 그 사랑스러운 라벨 때문에 **시대를 불문하고 로맨티스트들에게 사랑받는 와인**이다.

하지만 이 샤토를 가장 사랑한 사람은 예전 오너였던 세귀르 백작 자신이었다. 보르도가 영광의 정점에 있었던 18세기에 라투르, 라피트, 무통 등 쟁쟁한 샤토를 소유했던 세귀르 백작은, 루이 15세로부터 「포도의 왕자」라고 불릴 정도로 와인으로 명성을 떨쳤다.

그런 세귀르 백작이 무엇보다 원했던 것이 당시에는 「칼롱」이라 불리던 이 샤토였다. 염원하던 칼롱을 손에 넣은 백작은 자신의 이름을 덧붙여 「샤토 칼롱 세귀르」로 개명했다.

후에 백작은 소유하던 샤토에서 손을 떼게 되지만 칼롱 세귀르만은 마지막까지 남겼고, 「라투르나 라피트에서도 와인을 만들지만 내 마음은 칼롱 세귀르에 있다」고 그 뜨거운 마음을 표현했다. **샤토를 사랑한 백작의 이런 마음을 하트 마크에 담아 라벨에 그렸다**는 이야기는 유명하다.

그 뒤 1894년에 유럽의 명가 가스케통(Gasqueton) 가문이 샤토를 이어받아 오랫동안 칼롱 세귀르를 지켜왔지만, 2012년에 결국 프랑스의 대형 보험회사에 1억7천만 유로(약 2300억 원)로 매수되었다.

매수 뒤 2천만 유로(약 270억 원)를 들여 설비 개조와 포도나무 이식 등을 실시한 결과 성공을 거두어 품질이 극적으로 향상된 칼롱 세귀르는, 현재 **메도크 등급의 3등급 중에서도 선두를 지키는 샤토 중 하나**로 도약하였다.

샤토 코스 데스투르넬

# CHATEAU COS D'ESTOURNEL

참고가격

약 25만 원

주요사용품종

카베르네 소비뇽, 메를로,
카베르네 프랑, 프티 베르도

GOOD VINTAGE

1953, 55, 82, 85, 90, 95, 96,
2000, 01, 02, 03, 04, 05, 06,
08, 09, 10, 11, 14, 15, 16, 17, 18

다른 샤토와는 다른, 오리엔탈 분위기의 양조장이 특징이다.

OTHER WINE

르 메도크 드 코스

## LE MÉDOC DE COS

약 4만 원

저렴한 가격의 르 메도크 드 코스에도 오리엔탈 분위기의 코스 데스투르넬답게 코끼리 일러스트가 그려져 있다.

## 「인도」의 향기가 감돈다!? 오리엔탈 프랑스 와인

메도크 등급에서 2등급으로 인정된 코스 데스투르넬은 2등급이지만 1등급 품질에 가까운 **「슈퍼 세컨드」의 선두주자**로 불린 지 오래된 샤토이다.

코스 데스투르넬이라고 하면 다른 샤토와는 조금 다른 양조장(라벨에도 기재)이 특징이다. 인도와의 무역으로 거대한 부를 쌓은 루이 가스파르 데스투르넬(Louis-Gaspard d'Estoumel)이 샤토를 구입했을 때, 이처럼 **오리엔탈 분위기의 양조장**이 디자인되었다.

그는 인도와의 무역에서 성공을 거둔 타고난 비즈니스 감각을 살려서, 참신한 전략으로 와인 비즈니스를 추진했다.

예를 들어 19세기 초 보르도에서는 샤토와 네고시앙(중개업자)이 긴밀하게 연결되어 와인을 판매했는데, 코스 데스투르넬은 네고시앙을 통하지 않고 직접 최종 소비자에게 판매하는 방법으로 성공을 거두었다. 또한 판매 루트가 확실한 인도를 중심으로 해외수출도 추진해서 샤토를 성장시켰다.

당시 오너였던 데스투르넬이 사망한 1852년에는 새로운 오너의 뜻으로 네고시앙과 쿠르티에(네고시앙과 샤토의 중개업자)를 통해 와인을 판매했는데, 이러한 방침의 전환이 샤토의 운명을 가르는 결과를 가져왔다.

1855년의 메도크 등급에서 출품 샤토의 선정 · 심사를 주로 네고시앙과 쿠르티에가 담당했기 때문에, **방침을 바꾸지 않았다면 2등급을 획득하지 못했을지도 모른다.** 코스 데스투르넬의 양조가 프라츠(Prats)를 만났을 때도 「그때 방침을 바꿔서 네고시앙을 통하지 않았다면, 샤토는 존속하지 못했을 것이다」라는 이야기를 들었다.

샤토 레오빌 바르통

# CHÂTEAU LÉOVILLE BARTON

참고가격

약 12 만 원

주요사용품종

카베르네 소비뇽, 메를로, 카베르네 프랑

GOOD VINTAGE

1945, 48, 49, 53, 59, 91, 2000, 03, 09, 10, 14, 15, 16

와인을 양조하기 위해 빌린 샤토 랑고아 바르통의 문이 그려져 있다.

샤토 레오빌 라스 카즈

# CHÂTEAU LÉOVILLE LAS CASES

참고가격

약 30 만 원

주요사용품종

카베르네 소비뇽, 메를로, 카베르네 프랑

GOOD VINTAGE

1982, 85, 86, 90, 96, 2000, 05, 06, 09, 10, 12, 14, 15, 16, 17, 18

샤토의 랜드마크인 라스 카즈의 문.

RÉCOLTE 2016

Grand Vin de Léoville du Marquis de Las Cases

SAINT-JULIEN-MÉDOC

샤토 레오빌 푸아페레

# CHÂTEAU LÉOVILLE POYFERRÉ

참고가격

약 14 만 원

주요사용품종

카베르네 소비뇽, 메를로, 프티 베르도, 카베르네 프랑

GOOD VINTAGE

1982, 90, 2000, 03, 04, 05, 08, 09, 10, 14, 15, 16, 17, 18

## 프랑스혁명으로 분리되었던 「레오빌 3형제」

메도크의 생쥘리앵 마을 북부에는 레오빌 바르통, 레오빌 라스 카즈, 레오빌 푸아페레라는 **「레오빌 3형제」**가 있다.

사실 원래 이 3곳은 「도멘 드 레오빌」이라는 1개의 샤토였다. 메도크에서 가장 오래되고 유서 깊은 농원을 소유한 도멘 드 레오빌은 프랑스혁명의 영향으로 1820년부터 1840년 사이에 영토가 셋으로 나뉘었다. 그리고 설립된 것이 이들 3개의 샤토였다. 분리 뒤에 선정된 1855년의 메도크 등급에서 **3개 샤토 모두 보기 좋게 당당히 2등급을 획득했다.**

그중 레오빌 바르통은 항상 안정된 품질과 양심적인 가격으로 와인 애호가에게 인기가 많은 샤토이다. 해마다 가성비가 좋은 샤토로 이름이 거론되기도 한다.

2등급을 획득한 고급 샤토로는 드물게 **바르통은 독자적인 샤토를 소유하지 않고,** 샤토의 소유자인 바르통가가 소유한 샤토 랑고아 바르통의 일부를 빌려 와인을 양조한다. 양심적인 가격 설정에는 이러한 이유도 있다.

또한 보통 생산되는 와인은 주로 보틀 사이즈(750㎖)나 매그넘 사이즈(1,500㎖)인데, 바르통에서는 많은 사람이 같은 와인을 나누어 가질 수 있도록 임페리얼 사이즈(750㎖ 8병 분량) 이상의 와인도 적극적으로 생산한다.

나도 예전에 200명이 모인 파티에서 바르통의 멜키오르(melchior, 750㎖ 24병 분량) 사이즈의 와인을 마신 적이 있는데, 24병 분량의 거대한 와인병은 존재감이 있었고 1병의 와인을 많은 사람이 나누는 묘미를 맛보았다.

레오빌 라스 카즈도「슈퍼 세컨드」의 대표격으로 해마다 높은 평가를 받고 있다. 고급와인을 전문으로 취급하는 Liv-ex(런던국제와인거래소)가 조사한 2017년 통계에서는, **보르도 좌안의 샤토 중에서 8번째로 높은 가격에 거래**되는 것으로 밝혀졌다.

라스 카즈의 밭은 생쥘리앵 마을의 가장 좋은 땅에 있으며, 이 밭에서는 가까이 흐르는 지롱드강의 영향으로 **「마이크로클라이미트(microclimate, 미기후)」**라 불리는 특수한 기후 변화가 일어난다. 이 기후로 인해 포도가 빨리 익는 데다 강에서 발생하는 서리가 과일을 지켜주는 역할을 하는데, 그중에서도 카베르네 소비뇽과 카베르네 프랑 품종이 마이크로클라이미트의 혜택을 받기 때문에 라스 카즈의 와인이 높은 품질을 유지할 수 있는 것이다.

특히, 그 실력이 제대로 발휘된 와인이 1982년산과 86년산으로, 1등급에 뒤지지 않는 품질로 로버트 파커의 마음을 사로잡았다.

레오빌 푸아페레는 셋 중 가장 우아한 와인으로 평가받는다. 초대 소유자였던 푸아페레 남작의 이름을 딴 샤토는 19세기 후반부터 20세기에 걸쳐 세 샤토 중 가장 높은 품질의 와인을 양조했으나, 제2차 세계대전 뒤 경영 악화로 그 명성을 잃어버렸다.

하지만 1979년에 디디에 퀴블리에(Didier Cuvelier)가 소유자로 가세한 뒤 포도밭과 샤토가 개선되었고, 1994년부터는 유명 와인 컨설턴트 미셸 롤랑(Michel Rolland)의 도움으로 품질이 대폭 향상되었다. 다시 태어난 신생 푸아페레는 **「생쥘리앵을 대표하는 품질」**이라는 평가를 받고 있다.

샤토 그뤼오 라로즈

# CHÂTEAU GRUAUD LAROSE

참고가격

약 13 만 원

주요사용품종

카베르네 소비뇽, 메를로, 카베르네 프랑, 프티 베르도, 말벡

GOOD VINTAGE

1928, 45, 61, 82, 86, 2000, 09, 18

라벨에 기재된 「LE VIN DES ROIS, LE ROI DES VINS」 문구는 「와인의 왕, 왕의 와인」이라는 뜻이다.

## 침몰선에서 인양된 1병에 900만 원짜리 와인

1991년, 필리핀해에서 발견된 침몰선 마리 테레즈호에서 고급와인이 인양되었다.

발단은 1872년의 일로, 1865년산(또는 69년산) 그뤼오 라로즈 2,000병을 실은 마리 테레즈호가 보르도에서 사이공으로 향하던 도중에 침몰했다. 100년 이상의 세월이 흐른 뒤 인양된 그뤼오 라로즈는 2013년 소더비 경매에서 **1병에 약 900만 원으로 낙찰**되었다.

샤토 그뤼오 라로즈는 메도크 등급 2등급에 빛나는 오랜 역사를 자랑하는 샤토이다. 획기적인 비즈니스 전략을 구사해, 보르도에서 네고시앙(중개업자)이 강력한 판매망을 확대하던 18세기 전반에도 네고시앙을 통하지 않고 직접 소비자에게 와인을 판매했다. 와인 숙성이 끝나면 **샤토에 대형 깃발을 내걸어서 사람들에게 알렸다**고 한다.

또한 샤토 안에서 색다른 경매를 개최하기도 했는데, 일반적인 경매에서는 매수자가 나오지 않으면 입찰액이 내려가지만, 이 경매에서는 매수자가 참가할 때까지 가격을 올리는 독특한 방법으로 와인 가격을 올렸다고 한다.

보르도의 많은 샤토가 걸작을 발표한 2009년에는 그뤼오 라로즈도 최고의 와인을 내놓았다.

**2009년산은 로버트 파커가 「1990년 이래 최고의 완성도」라는 코멘트**를 남기면서 많은 주목을 받았다. 또한 다음해인 2010년에도 호평을 받으며 그해에 실시된 Liv-ex의 정기 프리뫼르(보르도에서 해마다 4월에 실시되는 와인 선물거래) 조사에서는, 업계에서 2번째로 인기 있는 샤토라는 평가를 받았다.

샤토 뒤크뤼 보카유

# CHATEAU DUCRU-BEAUCAILLOU

참고가격

약 25만 원

주요사용품종

카베르네 소비뇽, 메를로, 카베르네 프랑

GOOD VINTAGE

1947, 53, 61, 70, 82, 85, 95, 2000, 03, 05, 06, 08, 09, 10, 14, 15, 16, 17, 18

SECOND WINE

라 크루아 드 보카유

## LA CROIX DE BEAUCAILLOU

약 7만 원

2009년부터는 영국의 록밴드 롤링 스톤즈의 보컬 믹 재거의 딸인 제이드가 라벨을 디자인했다(사진은 제이드가 디자인한 것).

연한 오렌지색 라벨이 진열대에서도 시선을 끈다.

※ 사진은 임페리얼 사이즈(6,000㎖)

## 「돌」의 보호로 사랑받는 샤토



메도크 등급에서 2등급에 선정된 뒤크뤼 보카유의 밭은 생쥘리앵 마을에서는 드물게 크고 많은 돌로 뒤덮여있다. 이 돌이 더위와 추위로부터 포도나무 뿌리를 보호해주는 데다 이 돌 덕분에 물도 잘 빠져서 건강한 포도가 자란다. 이처럼 **보카유(아름다운 돌) 덕분에 샤토 특유의 맛있는 와인이 만들어지기 때문에,** 샤토 이름도 보카유가 되었다.

정식으로 샤토 뒤크뤼 보카유라고 불리게 된 것은 1795년에 베르트랑 뒤크뤼(Bertrand Ducru)가 샤토를 구입하고 자신의 이름을 덧붙이면서 부터이다.

70년 이상 샤토를 지킨 뒤크뤼가는 메도크 등급에서 2등급을 획득한 뒤, 가치가 올라간 샤토를 유명 와인상이었던 너새니얼 존스톤(Nathaniel Johnston)에게 100만 프랑에 매각했다. 샤토를 구입한 존스톤은 당시 보르도의 샤토를 괴롭히던 노균병(포도나 채소의 병)에 효과적인 보르도액을 개발한 인물이기도 하다.

최근에는 롤링 스톤즈의 보컬인 믹 재거의 딸이며 보석 디자이너로도 인기를 얻은 제이드 재거가 세컨드 와인 **「라 크루아 드 보카유」**의 라벨을 디자인하여 화제가 되었다.

스톤즈와 보카유라는 「돌」로 맺어진 인연에서 탄생한 이 라벨은, 젊은층을 상대로 한 마케팅으로 연결되었다. 와인 자체의 평가도 높아서 평론가들로부터 「매우 훌륭하며 밸런스가 좋다」는 평가를 받고 있다.

샤토 베슈벨

# CHÂTEAU BEYCHEVELLE

참고가격

약 **14** 만 원

주요사용품종

카베르네 소비뇽, 메를로,
프티 베르도, 카베르네 프랑

GOOD VINTAGE

1948, 53, 82, 2005,
10, 16, 18

샤토 이름의 유래가 된, 배의 돛을 반 정도 내린 모습.

그리스 신화에서 포도주의 신 디오니소스를 지키는 그리폰.

## 귀를 기울이면 뱃사람의 목소리가 들릴지도?



샤토 베슈벨은 1565년에 설립된 오랜 역사를 지닌 샤토이다.

라벨에 그려진 돛을 반만 내린 배는 16세기에 이 지역 영주였던 프랑스 해군 에페르농 후작에게 경의를 표하기 위해, **지롱드강을 건너는 배가 샤토 앞에서 돛을 내린 모습을 그린 것**이다. 뱃사람들이 「베스 브왈(Baisse Voile, 돛을 낮춰라)」이라고 외친 데서 샤토의 이름이 유래되었다고도 한다.

또한 배에는 포도주의 신 디오니소스를 지키는 **그리스 신화의 그리폰**이 그려져 있어서, 그리폰을 「복을 부르는 상징」으로 여기는 중국에서도 베슈벨이 인기를 끌었다.

발 빠르게 중국 시장 진출에 나선 베슈벨은 각지에서 테이스팅을 개최해 중국 시장 진출에 성공했고, 그 결과 2009년 이후에는 아시아를 중심으로 수출량이 크게 늘었다.

베슈벨은 아름다운 샤토로도 유명하다. 광대한 대지를 소유한 베슈벨은 오랜 세월에 걸쳐 샤토와 정원을 재구축해, 1757년에는 **「보르도의 베르사유」라고 불리는 아름다운 샤토**를 완성했다.

샤토에는 미술관처럼 다양한 예술품이 장식되어 있으며, 1990년에는 현대 미술을 지원하는 베슈벨 재단을 창설하여, 와인 애호가뿐 아니라 아티스트와 미술 관계자를 포함하여 매년 2만여 명이 찾는 명소가 되었다.

샤토 피숑 롱그빌 바롱

# CHATEAU PICHON-LONGUEVILLE BARON

참고가격

약 21 만 원

주요사용품종

카베르네 소비뇽, 메를로

GOOD VINTAGE

1989, 90, 96, 2000, 01, 03, 08, 09, 10, 14, 15, 16, 17, 18

샤토 피숑 롱그빌 콩테스 드 랄랑드

# CHATEAU PICHON-LONGUEVILLE COMTESSE DE LALANDE

참고가격

약 23 만 원

주요사용품종

카베르네 소비뇽, 메를로, 프티 베르도, 카베르네 프랑

GOOD VINTAGE

1945, 82, 86, 95, 96, 2000, 03, 10, 15, 16, 17, 18

## 아들이 이어받은 샤토, 딸이 이어받은 샤토

1850년, 오래전부터 명성을 얻었던 샤토 피숑 롱그빌의 오너가 세상을 뜨자 샤토는 둘로 나뉘어 5명의 자녀에게 상속되었다.

그중 2명의 아들이 상속한 샤토는 「피숑 롱그빌 바롱」, 3명의 딸이 상속한 샤토는 「피숑 롱그빌 콩테스 드 랄랑드」가 되었다.

5년 뒤 실시한 메도크 등급에서 나란히 2등급을 획득한 **두 샤토는 현재도 1등급에 가까운 「슈퍼 세컨드」로 명성을 얻고 있다.**

이 가운데 피숑 롱그빌 바롱은 아들들이 이어받아서인지 남성적인 이미지가 강하며, 실제로 타닌이 단단하고 파워풀한 풍미이다. 충분한 숙성기간을 거치지 않으면 다소 지나치게 강한 인상마저 준다.

하지만 **시간이 경과하면서 농염한 여성적인 풍미로 멋지게 변모한다.** 입에 닿는 부드러운 느낌과 벨벳 같은 매끄러움은 피숑 롱그빌 바롱만이 자아내는 매직으로 일컬어지며 높이 평가된다.

반면 콩테스 드 랄랑드는 「랄랑드 백작부인」이라는 의미로, 세 딸 중 한 명인 랄랑드 백작부인이 샤토를 관리하면서 붙여진 이름이다. 현재 남아있는 아름다운 샤토도 랄랑드 백작부인의 공적이다. 샤토의 분위기와 풍미가 여성스럽고 포근하며 품격이 느껴지는 이유는, 이렇게 대대로 여성이 관여했던 샤토이기 때문일지도 모른다. 랄랑드는 **「포이약의 귀부인」이라고도 불리며, 우아함과 강렬함을 겸비한 풍미**로 주목을 받았다.

샤토 뒤아르 밀롱

# CHATEAU DUHART-MILON

참고가격

약 12 만 원

주요사용품종

카베르네 소비뇽, 메를로

GOOD VINTAGE

2005, 06, 08, 09, 10, 12, 14, 15, 16, 17, 18

포일에는 샤토를 소유한 라피트의 마크가 그려져 있다.

중국이 라피트의 인기에 열광하던 2009년부터 2011년 사이에는 「라피트의 세컨드」라고 불리며 주목을 받았다.

## 폐업 직전의 위태로운 상황에서 「1등급 샤토의 세컨드」로 불리기까지



사실 이 샤토의 초대 소유자는 **루이 15세를 보좌하는 뒤아르경이라고 불리던 「해적」**이었다. 뒤아르의 후손은 1950년대까지 포이약 항구 옆에 살았는데, 라벨에 그려진 주택은 그 해적의 집을 이미지화해서 디자인한 것이다.

뒤아르 밀롱은 메도크 등급에서 4등급을 획득했지만, 그 뒤로 대부분의 포도밭이 매각되고 소유자도 몇 차례나 바뀌었다. 그러면서 포도나무는 점점 시들고 샤토는 쇠퇴의 길을 걸었다.

하지만 1962년, 5대 샤토 중 하나인 **샤토 라피트 로쉴드가 샤토를 매입**하며 극적인 재건이 이루어졌다. 원래는 110*ha*의 토지 중 불과 17*ha*에만 포도나무가 있었는데, 로쉴드가는 곧바로 새로운 포도나무를 심었다. 또한 근처의 밭도 구입하여 1973년부터 2001년 사이에 포도밭이 예전의 두 배 크기로 넓어졌고 샤토와 셀러도 개선되었다.

이렇게 오랜 세월에 걸쳐 이루어진 재건으로 현재의 뒤아르 밀롱은 메도크 등급 **4등급 이상의 명성을 되찾았다**고 평가된다. 특히 2008년산은 2등급보다도 우수한 완성도로 평론가를 만족시켜 로쉴드가의 저력을 보여줬다. 뿐만 아니라 2009년, 그리고 2010년에도 파커 포인트에서 고득점을 획득하여 샤토의 명성을 확고하게 정착시켰다.

로버트 파커는 뒤아르 밀롱을 부활시킨 라피트의 투자는 대성공이었고, 뒤아르 밀롱을 「라피트의 세컨드라고 불리는 것 이상의 실력이다」고 극찬했다.

샤토 랭슈 바주

# CHATEAU LYNCH BAGES

참고가격

약 19만 원

주요사용품종

카베르네 소비뇽, 메를로,
카베르네 프랑, 프티 베르도

GOOD VINTAGE

1959, 61, 70, 82, 85, 89,
90, 96, 2000, 03, 05, 06,
08, 09, 10, 14, 15, 16, 17, 18

SECOND WINE

에코 드 랭슈 바주

## ECHO DE LYNCH BAGES

약 6만 원

퍼스트 와인의 20~30% 정도 되는 소량 생산으로, 퍼스트만큼 주목 받는 귀중한 세컨드 와인. 원래는 샤토 오 바주 아부르(Chateau Haut-Bages Averous)라는 이름이었으나, 외우기 어렵고 발음하기도 힘들어서 현재의 이름으로 바뀌었다.

## 시카고 불스의 우승을 축하하며, 마이클 조던이 개봉한 와인



랭슈 바주는 1855년 메도크 등급에서 5등급에 선정되었지만, 많은 평론가가 「**현재의 품질은 1등급에 가깝다**」, 「**슈퍼 세컨드 만큼의 가치가 있다**」고 높이 평가하고 있다.

오랜 역사를 지닌 랭슈 바주는 「바주 언덕」이라 불리는 **포이약 마을에서 가장 높은 곳에 있다.** 설립 당시에는 「샤토 바주」로 불렸지만, 1749년에 오너가 된 토마스 랭슈(Lynch)의 이름을 따서 「랭슈 바주」라는 이름이 붙여졌다.

메도크 등급을 선정할 때 스위스의 와인상에게 소유권이 넘어가, 「샤토 쥐랭 바주(Jurine Bages)」라는 알려지지 않은 이름으로 참가하여 정당한 등급을 받지 못했다고 한다.

그 뒤에 다시 「랭슈 바주」로 이름이 바뀌고, 1934년에는 명문 카즈(Cazes) 가문의 소유가 되었다(지금은 4대째 오너가 관리). 현재의 높은 품질은 밭을 구입하고 포도나무를 이식하는 등 카즈 가문의 개혁으로 인한 부분이 크다고 평가된다.

또한 카즈 가문은 정계부터 스포츠계까지 인맥이 넓어서 **랭슈 바주는 전 세계 셀럽의 사랑을 받았다.**

농구 황제 마이클 조던도 랭슈 바주의 팬으로, 샤토를 방문하면 1959년, 61년, 82년 등의 굿 빈티지를 각각 10케이스 정도 구입해 시카고로 가져갔고, 불스가 우승하면 랭슈 바주를 마시며 축하했다. 그 밖에도 아일랜드 전 수상, 그래미상 수상 가수 등 랭슈 바주는 많은 팬을 거느리고 있으며, 그들도 비밀리에 샤토를 방문했다고 한다.

샤토 팔머

# CHATEAU PALMER

참고가격

약 39만 원

주요사용품종

메를로, 카베르네 소비뇽, 프티 베르도

GOOD VINTAGE

1900, 28, 37, 45, 55, 61, 66, 71, 83, 86, 89, 99, 2000, 02, 04, 05, 06, 08, 09, 10, 11, 12, 14, 15, 16, 17, 18

전통적인 라벨 디자인이 많은 보르도에서, 검은 바탕에 황금색 라벨이 한층 눈길을 끈다.

## 현대판 등급에서는「7대 천왕」의 자리에! 속았지만 분발한 팔머 대령의 공적



라벨에 황금색으로 그려진 장대한 샤토는 13년이란 세월에 걸쳐 1856년에 완성한 것이다. 아쉽게도 1855년의 메도크 등급에서는 선보이지 못했는데, 그 때문인지 팔머는 3등급에 만족해야 했다.「샤토가 그 전에 완성되었다면 2등급에 선정됐을 것」이라고 말하는 애호가들도 적지 않다.

Liv-ex가 정기적으로 발표하는 시장거래가격을 바탕으로 한「현대판 등급」에서는 팔머가 2등급의 선두에 올라 있다.

이 현대판 등급체계는 2009년부터 2년마다 발표되는데, 팔머는 **5대 샤토, LMHB(→ p.104)에 이어 항상 7위 자리를 지키고 있다.**

팔머는 예전에「가스크(Gascq)」라고 불리던 샤토이다. 가스크의 당시 소유자가 샤토 라피트만큼 훌륭한 품질의 샤토를 사지 않겠냐고 팔머 대령에게 거래를 제안해 매매에 성공했고, 대령이「샤토 팔머」로 개명하면서 샤토 팔머의 역사가 시작되었다.

당연히 라피트에는 미치지 못하는 품질이었지만 팔머 대령은 이 샤토를 매우 마음에 들어 했고, 차례로 토지를 사들여 불과 몇 년 만에 밭의 면적을 2배 이상 넓혔으며 해외 수출도 적극적으로 진행했다.

하지만 샤토의 경영은 난관에 봉착해서 몇 차례 오너가 바뀐 뒤, 현재는 말레 베스(Mahler Besse), 쉬셀(Sichel) 등 유서 깊은 대형 와인 회사가 공동 소유로 운영하고 있다.

샤토 파프 클레망

# CHATEAU PAPE CLÉMENT

참고가격

약 14만 원

주요사용품종

카베르네 소비뇽, 메를로

GOOD VINTAGE

1970, 90, 2000, 01, 03, 05, 08, 09, 10, 11, 12, 14, 15, 17, 18

## 종교의식에 사용되어 일반에 공개되지 않았던 샤토



샤토 파프 클레망이 있는 그라브 지역은 보르도에서는 드물게 레드와인과 화이트와인을 모두 생산하는 지역으로 유명하다.

그라브 지역에도 메도크와 마찬가지로 독자적인 등급이 있는데(→ p.112 참조), 그라브의 등급에는 서열이 없으며 선정된 샤토만 「크뤼 클라세(Crus Classe)」라는 칭호를 받는다.

현재 **그라브 지역에서 「크뤼 클라세」로 선정된 샤토는 16개가 있으며 파프 클레망도 그중 하나이다.** 파프 클레망의 최근 활약은 놀라울 정도이며, 크뤼 클라세라는 이름에 부끄럽지 않은 품질을 유지하고 있다.

2000년 이후에는 파커 포인트에서 모두 고득점을 획득했고, 특히 2003, 05, 09, 10년은 메도크의 슈퍼 세컨드를 방불케 하는 품질로 와인 투자가들의 포트폴리오에도 오르게 되었다.

또한 Liv-ex가 시장거래가격을 바탕으로 실시하는 등급 선정에서 당당히 2위에 올랐으며, 2011년에도 로버트 파커가 발표한 **「Magical 20」(1등급에 버금가는 품질의 와인을 선출)의 하나로 뽑혔다.**

참고로 샤토 이름인 파프 클레망은 「파프=교황」이므로 「클레망(클레멘스) 교황」이라는 뜻이다. 클레망 교황은 1264년 보르도 근처의 빌랑드로(Villandraut)에서 태어나 보르도 와인 양조의 기초를 다진 인물이다.

원래 파프 클레망 포도밭은 클레망 교황이 보르도 대주교로 취임했을 때 영지로 받은 것이며, 그런 이유로 교황의 이름이 지금까지 샤토 이름에 남아있다. 샤토 역시 1314년부터 1789년까지는 종교의식에 사용되어 일반에 공개되지 않았다고 한다.

샤토 라 미숑 오 브리옹

# CHÂTEAU LA MISSION HAUT BRION

참고가격

약 51 만 원

주요사용품종

카베르네 소비뇽, 메를로, 카베르네 프랑

GOOD VINTAGE

1929, 45, 47, 48, 50, 52, 53, 55, 59, 61, 75, 78, 82, 89, 90, 95, 98, 2000, 01, 05, 06, 07, 08, 09, 10, 11, 12, 14, 15, 16, 17, 18

LMHB는 로마 가톨릭 교회가 소유한 적도 있어서, 포도밭에 작은 예배당이 지어지는 등 종교색이 두드러지는 샤토이다. 라벨에도 십자가 마크가 있다.

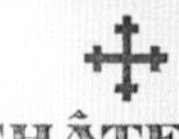

## 5대 샤토를 위협하는「6번째」존재

1등급에 필적하는 품질과 슈퍼 세컨드 이상의 실력을 자랑하는「라 미숑 오 브리옹(LMHB)은 **그 실력 덕분에 5대 샤토에 더해져「6대 샤토」로 불릴 때도 있다.** 실제로 와인 지표를 다루는 Liv-ex는 보르도 좌안의 샤토 중 LMHB가 5대 샤토 다음으로 거래액이 많다고 발표했다.

또한 인기도 많고 평가도 좋으며, 특히 2000년 이후에는 계속 높은 평가를 받아 가격이 더 급등했다. 보르도가 흉작으로 신음한 2007년산도 해마다 평가가 높아져서 그 저력을 증명했다. 2007년산은 같은 해의 보르도 와인 중 가장 높은 평가를 받았다.

LMHB는 세컨드 와인과 화이트와인 생산에도 힘을 쏟고 있는데, 특히 화이트와인인 **「샤토 라 미숑 오 브리옹 블랑」**은 연간 500~700케이스(약 6,000~8,400병)라는 매우 적은 생산량 때문에 희소성이 높아, 경매에서도 늘 경쟁이 치열한 와인이다. 예전에는「라빌 오 브리옹」이라고 불렸으나 2009년부터는「라 미숑 오 브리옹 블랑」으로 바뀌었다.

샤토 라 미숑 오 브리옹 블랑
CH. LA MISSION HAUT BRION BLANC
약 70만 원

샤토 스미스 오 리피트

# CHATEAU SMITH HAUT LAFITTE

참고가격

약 14만 원

주요사용품종

카베르네 소비뇽, 메를로, 카베르네 프랑

GOOD VINTAGE

2000, 01, 04, 05, 09, 10, 11, 12, 15, 16, 17, 18

예전에는 「Sleeping Beauty(잠자는 숲속의 미녀)」로 불렸으나, 파커 포인트 100점을 획득한 2009년에 「잠에서 깨어났다」고 한다.

## 하룻밤 사이에 고급 샤토 대열에!?

스미스 오 라피트는 타고난 입지조건과 적당한 가격을 자랑하는 중견급 와인으로 오랜 기간 사랑받아온 샤토이다.

1990년에는 올림픽 스키선수였던 카티아르(Cathiard) 부부가 샤토를 구입해 품질을 더욱 향상시켰다. 대형 스포츠용품점을 운영해서 대성공을 거둔 부부는, 풍부한 자금력을 바탕으로 샤토를 대대적으로 재건했다.

그 결과 **2009년에는 파커 포인트 100점 만점을 획득**했고, 이것이 커다란 전환점이 되었다. 100점을 받았다는 뉴스가 나오자마자 2009년산의 주문이 쇄도했고, 원래 97유로였던 출하 가격이 150유로로 뛰었다. 그 다음해에는 234유로까지 급등하면서 순식간에 고급 샤토 대열에 들어선 스미스 오 라피트는, **「블루칩 샤토(우량주)」**라는 별명이 붙을 정도로 주목받고 있다.

스미스 오 라피트는 1990년 당시부터 보르도에서는 드물게 고품질의 화이트와인을 생산하는 몇 안 되는 샤토 중 하나이기도 하다.

이 화이트와인이 카티아르 부부가 샤토를 구입한 결정적인 이유였다고 하는데, 현재는 품질이 더욱 좋아져서 **오 브리옹 블랑과 라 미숑 오 브리옹 블랑에 버금가는 보르도의 고급 화이트와인**이 되었다.

샤토 스미스 오 라피트 블랑
CH. SMITH HAUT LAFITTE BLANC
약 15만 원

사토 디켐

# CHÂTEAU D'YQUEM

참고가격

약 54만 원

주요사용품종

세미용, 소비뇽 블랑

GOOD VINTAGE

1811, 47, 69, 1921, 28, 37, 45, 47, 71, 75, 76, 83, 86, 88, 89, 90, 97, 2001, 05, 07, 09, 13, 14, 15, 16, 17

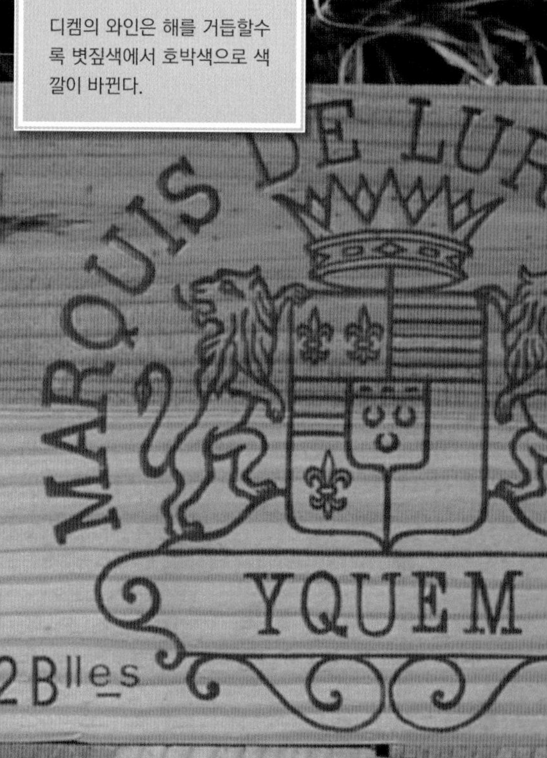


디켐의 와인은 해를 거듭할수록 볏짚색에서 호박색으로 색깔이 바뀐다.

SAUTERNES
APPELLATION SAUTERNES CONTROLEE
MIS EN BOUTEILLE AU CHATEAU
LUR-SALUCES, SAUTERNES, FRANCE

FRENCH TABLE WINE PRODUCT OF FRANCE
IMPORTED BY : WINE WAREHOUSE IMPORT, LOS ANGELES, CA
NET CONTENTS 750 ML CONTAINS SULFITES ALCOHOL 13.5% BY VOL
SHIPPED BY : BORDEAUX MILLESIMES SARL, BORDEAUX - FRANCE

## 소유권을 둘러싸고 영국과 프랑스가 다툰, 디저트 와인의 최고봉



가론강이 시롱강이 되어 두 갈래로 갈라지는 땅에 **귀부와인의 성지인 소테른 지역**이 있다. 귀부와인은 디저트 와인의 일종인데 입에서 녹는 듯한 강력한 단맛이 특징이다.

소테른 지역에는 시롱강과 가론강의 온도차로 인해 새벽안개가 끼고, 안개와 함께 보트리티스 시네레아(Botrytis cinerea, 귀부균)가 포도 알갱이에 달라붙는다. 햇살에 의해 이 균의 번식 활동이 왕성해지면 포도껍질을 뚫고 과일의 수분을 흡수해 단맛만 남은 알갱이가 완성된다. 이렇게 자연의 선물이라 할 수 있는 특별한 열매로 만든 최고의 스위트와인이 귀부와인이다.

그리고 「샤토 디켐」은 세계 최고의 귀부와인을 만드는 오랜 전통과 양조 기술을 갖고 있다. 소테른에도 독자적인 등급이 있는데(→ p.113), 디켐은 **소테른에서 유일하게 최고 등급을 획득**했으며 포도나무 한 그루에서 불과 한 잔밖에 생산되지 않는 귀부와인을 연간 약 10만 병이나 생산한다.

디켐은 아키텐 공작이기도 했던 잉글랜드 국왕이 소유하던 중세시대부터 그 이름이 세상에 알려졌다. **디켐의 소유권을 둘러싸고 프랑스와 영국 사이에 분쟁이 일어날 정도**였으며, 매력적인 입지조건을 가진 유일무이한 샤토로서 오래전부터 그 가치를 인정받았다.

백년전쟁에서 영국이 패하자 샤토의 소유권은 프랑스 국왕 샤를 7세에게 넘어갔는데, 그때 샤토의 관리를 맡은 가문이 소바주(Sauvage) 가문이었다.

소바주 가문은 그때까지 레드와인용 품종을 심었던 포도밭을 1642

년에 100% 화이트와인용 포도 품종으로 바꿔서 심었다.

그리고 1666년에 마침내 지금의 귀부와인 스타일이 탄생했다. 포도에 균이 있는 채로 와인을 양조한 결과 단맛이 매우 강한 와인이 완성된 것이다.

그렇게 디켐은 당시에도 인기가 높았던 「꿀」 맛을 내는 귀중한 와인으로, **왕에게도 헌상되는 특별한 와인**이 되었다. 미국의 제3대 대통령 토머스 제퍼슨도 디켐을 방문해 지하에 보관되어 있던 오크통을 몇 통이나 미국으로 보냈다고 한다.

1711년에는 소바주 가문이 프랑스로부터 소유권을 사들였고, 그 뒤에는 1785~1999년까지 뤼르 살뤼스(Lur-Saluces) 가문이 대대로 샤토 디켐을 관리해왔다.

샤토 디켐은 이렇게 400여 년 동안 전통과 격식을 지켜왔는데, 1996년 LVMH(루이비통 모엣 헤네시) 그룹이 주식을 사들이기 시작하면서 샤토 매수극이 펼쳐졌다.

살뤼스 백작은 「LVMH 그룹의 손에 샤토가 넘어가면 400년을 이어온 전통이 망가지고 대량생산되는 고급 명품으로 취급될 것」이라며 매각을 꺼려해서 2년 동안 법정 싸움을 계속했다. 하지만 최종적으로 살뤼스 백작이 소송을 취하하고 양쪽이 화해하여 디켐은 LVMH 그룹의 소유가 되었다.

매수하기 전 디켐의 라벨에는 오랫동안 뤼르 살뤼스라고 표기되어 있었지만, 매수한 뒤에는 「Sauternes(소테른)」으로 바뀌었다.

이그렉
# YGREC

샤토 디켐에서 만드는 화이트와인. 라벨 표기로 인해 보통 「Y」라고 불린다. 예전에는 포도가 귀부화되지 않은 해에만 만들 수 있는 특별한 와인이었으나, 2004년 이후에는 포도 재배 관리를 정비해서 해마다 만들 수 있게 되었다. 디켐은 최고의 단맛을 자랑하지만, 이그렉은 드라이 화이트와인으로 널리 알려져 있다.

약 21 만 원

## 그라브 지역_ 크뤼 클라세 샤토 리스트

※「레드」만 인정된 샤토,「화이트」만 인정된 샤토,
「레드」와「화이트」 모두 인정된 샤토가 있다.

| 샤토명 | 인정된 와인 종류 |
|---|---|
| 샤토 드 피외잘<br>Château de Fieuzal | 레드 |
| 샤토 라 미숑 오 브리옹<br>Château la Mission Haut-Brion | 레드 |
| 샤토 라 투르 오 브리옹<br>Château la Tour Haut-Brion | 레드 |
| 샤토 스미스 오 라피트<br>Château Smith Haut Lafitte | 레드 |
| 샤토 오 바이<br>Château Haut-Bailly | 레드 |
| 샤토 오 브리옹<br>Château Haut-Brion | 레드 |
| 샤토 파프 클레망<br>Château Pape Clément | 레드 |
| 샤토 라빌 오 브리옹<br>Château Laville Haut-Brion | 화이트 |
| 샤토 쿠앵<br>Château Couhins | 화이트 |
| 샤토 쿠앵 뤼르통<br>Château Couhins-Lurton | 화이트 |
| 도멘 드 슈발리에<br>Domaine de Chevalier | 레드 · 화이트 |
| 샤토 라투르 마르티약<br>Château Latour-Martillac | 레드 · 화이트 |
| 샤토 말라르틱 라그라비에르<br>Château Malartic-Lagravière | 레드 · 화이트 |
| 샤토 부스코<br>Château Bouscaut | 레드 · 화이트 |
| 샤토 올리비에<br>Château Olivier | 레드 · 화이트 |
| 샤토 카르보니유<br>Château Carbonnieux | 레드 · 화이트 |

# 소테른 지역_ 상위등급 샤토 리스트

※ 바르삭 지역의 일부 샤토를 포함한다.

## 프리미에 크뤼 쉬페리외르(PREMIERS CRU SUPÉRIEUR)

샤토 디켐 Château d'Yquem

## 프리미에 크뤼(PREMIERS CRUS)

| | | |
|---|---|---|
| 샤토 기로<br>Château Guiraud | 샤토 라포리 페라게<br>Château Lafaurie-Peyraguey | 샤토 쿠테<br>Château Coutet |
| 샤토 드 렌 비뇨<br>Château de Rayne-Vigneau | 샤토 리외섹<br>Château Rieussec | 샤토 클리망<br>Château Climens |
| 샤토 라 투르 블랑쉬<br>Château la Tour Blanche | 샤토 쉬뒤로<br>Château Suduiraut | 클로 오 페라게<br>Clos Haut-Peyraguey |
| 샤토 라보 프로미<br>Château Rabaud-Promis | 샤토 시갈라 라보<br>Château Sigalas-Rabaud | |

## 두지엠 크뤼(DEUXIÈMES CRUS)

| | | |
|---|---|---|
| 샤토 네락<br>Château Nairac | 샤토 드 말<br>Château de Malle | 샤토 로메르 뒤 아요<br>Château Romer-Du-Hayot |
| 샤토 다르쉬<br>Château d'Arche | 샤토 드 미라<br>Château de Myrat | 샤토 브루스테<br>Château Broustet |
| 샤토 두아지 다앤<br>Château Doisy Daëne | 샤토 라모트<br>Château Lamothe | 샤토 쉬오<br>Château Suau |
| 샤토 두아지 뒤브로카<br>Château Doisy-Dubroca | 샤토 라모트 기냐르<br>Château Lamothe-Guignard | 샤토 카이유<br>Château Caillou |
| 샤토 두아지 베드린<br>Château Doisy-Vedrines | 샤토 로메르<br>Château Romer | 샤토 필로<br>Château Filhot |

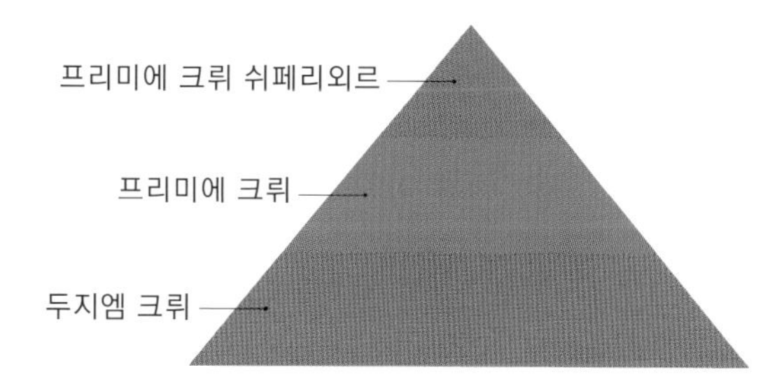

# 보르도 우안

# RIGHT B
# BORDEA

# ANK
# UX

보르도 우안의 생산지로는 포므롤과 생테밀리옹이 유명하다. 두 지역을 합쳐도 좌안의 극히 일부에 불과한 좁은 면적이지만, 수많은 일류와인이 생산된다.

이 가운데 포므롤 마을은 메를로 품종을 주로 사용하는 생산지로 유명하다. 인구가 1,000명도 안 되는 작은 마을이지만 이곳은 와인 생산자들로 북적댄다. 포므롤 와인은 19세기에는 런치용 레드와인으로 취급되어 고급와인을 대표하게 되리라고는 아무도 상상조차 못 했지만, 현재는 보르도에서도 1,2위를 다투는 고급와인이 이곳에서 만들어진다.

한편, 생테밀리옹 마을은 1999년에 세계유산으로 등록된 아름다운 생산지이다. 마을 이름의 유래가 된 성자 에밀리옹이 수행을 위해 이 마을에 들린 것이 고급와인 생산지가 탄생하는 계기가 되었다.

성자의 사후에 제자들이 지하의 석회암을 깎아 모놀리스 교회를 짓기 시작해 300년이 넘는 세월 동안 거대한 교회를 완성했다. 순례지가 된 생테밀리옹에서는 와인 양조가 성행했는데, 석회암을 깎아서 만든 동굴이 와인 저장에 적합해서 고급와인을 만들 수 있게 되었다.

페트뤼스

# PETRUS

참고가격

약 400 만 원

주요사용품종

메를로, 카베르네 프랑

GOOD VINTAGE

1921, 29, 45, 47, 50, 61, 64, 67, 70, 75, 89, 90, 95, 98, 2000, 05, 08, 09, 10, 12, 15, 16, 18

「PETRUS」는 라틴어로 그리스도의 12사도 가운데 으뜸인 「성 베드로」를 뜻한다. 라벨에도 그리스도에게 받은 천국의 열쇠를 들고 있는 성 베드로가 그려져 있다.

## J.F 케네디도 팬임을 공언한, 보르도에서 가장 유명하고 비싼 와인



5대 샤토보다도 고액으로 거래되는, 보르도에서 가장 유명하고 가장 비싼 최고의 와인이 「페트뤼스」이다. 약 11*ha*의 작은 밭에서 **연간 4,500케이스가 생산**된다.

처음 페트뤼스의 이름을 세상에 널리 알린 것은 1878년 파리세계박람회였다. 쟁쟁한 샤토들을 누르고 페트뤼스가 금상을 차지한 것이다.

그리고 1940년대에는 당시의 샤토 소유자가 나중에 페트뤼스의 오너가 되는 장 피에르 무엑스(Jean-Pierre Moueix)와 양조 · 판매 계약을 맺었다. 페트뤼스가 언젠가 보르도에서 최고 수준의 와인이 될 것이라 생각한 두 사람은, 보르도 우안 생테밀리옹 마을의 고급와인 「슈발 블랑(→ p.128)」의 가격 아래로는 팔지 않는 데 합의하고 고급와인으로서 브랜드를 키워갔다.

그 뒤로 페트뤼스는 압도적인 존재감을 발휘하며 최고 와인의 길을 걸었다. **J.F 케네디 전 미국 대통령이 페트뤼스의 팬임을 공언**하면서 미국 시장에도 진출했고, 포므롤 전체가 풍작이었던 1982년산이 로버트 파커로부터 높은 평가를 받아 단번에 세계적인 스타덤에 올랐다. 페트뤼스는 타의 추종을 불허하는 압도적인 존재감과 가치를 갖게 된 것이다.

「미스터 메를로」라고 불리는 2대 오너인 크리스티앙 무엑스(Christian Moueix)가 양조 · 관리 책임자가 된 뒤에도 페트뤼스의 신화는 계속되었고, 현재도 3대 오너인 에두아르 무엑스(Edouard Moueix)를 중심으로 「최고봉」의 이름에 부끄럽지 않은 와인을 생산하고 있다.

르 팽

# LE PIN

참고가격

약 380 만 원

주요사용품종

메를로, 카베르네 프랑

GOOD VINTAGE

1982, 85, 89, 90, 98, 2000, 01, 05, 06, 08, 09, 10, 12, 15, 16

위조 방지를 위해 UV라이트를 비추면 독자적인 무늬가 나타나게 만들었다.

## 작고 협소한 차고에서 탄생한 이단적인 최고급 와인



르 팽은 보르도에서도 1, 2위를 다투는 최고급 와인이지만, 그 역사는 짧아서 오랜 역사를 자랑하는 보르도 샤토 중에서는 다소 이질적인 존재이다.

1978년 비유 샤토 세르탕(→ p.122)도 소유한 티앙퐁(Thienpont) 가문이 100만 프랑으로 포므롤에 작은 밭과 메종을 구입한 것이 르 팽의 시작이었다. 당시 르 팽은 차고와 같은 좁은 오두막에서 양조 작업을 했고, 오크통 역시 비유 샤토 세르탕에서 오래 사용한 낡은 프렌치 오크통을 재활용해서 농기구 사이에 두고 숙성시켰다.

첫 빈티지인 1979년산의 출하 가격은 1병에 100프랑도 안 되는 저가였으나, 데뷔하고 불과 3년 뒤에 발표한 **82년산으로 르 팽은 일약 슈퍼스타의 자리에 올랐다.**

포므롤 전체가 풍작이었던 이 해에 르 팽은 파커 포인트 100점 만점을 획득했고, 당시에는 출하 가격이 1병에 20~50만 원이던 82년산이 지금은 보르도 레전드를 대표하는 존재로 **1병에 약 1700만 원 이상으로 낙찰된다.** 라벨이 심플한 르 팽은 쉽게 위조 와인을 만들 수 있는데, 특히 82년산은 위조 와인이 많은 빈티지이다.

철저한 품질 관리도 르 팽이 인기 있는 이유 중 하나이다. 온난화의 영향으로 포도 재배에 차질이 생긴 2003년에는 생산을 아예 단념하는 철저한 장인정신을 보여주기도 했다. 또한 어느 빈티지든 **연간 불과 600~700케이스(7,200~8,400병)라는 소량 생산**을 철저히 지키기 때문에, 경매에서도 좀처럼 볼 수 없는 진귀한 와인이다.

샤토 라플뢰르

# CHATEAU LAFLEUR

참고가격

약 99 만 원

주요사용품종

메를로, 카베르네 프랑

GOOD VINTAGE

1945, 47, 49, 50, 61, 66, 75, 79, 82, 90, 95, 2000, 03, 05, 08, 09, 15, 16, 17, 18

## 와인평론가도 혀를 내두른, 「몬스터」라고 불리는 복잡한 아로마



포므롤 마을에는 **「3대 샤토」**로 불리는 최고의 샤토가 있다. 페트뤼스, 르 팽, 그리고 라플뢰르이다. 「Quality over Quantity(양보다 질)」을 모토로 하는 라플뢰르는 소량 생산을 철저히 고수해, 4.5*ha*의 밭에서 **불과 12,000병**밖에 생산하지 않기 때문에 시장에서는 입수하기 힘든 와인이다.

3대 샤토는 늘 비교되는 관계이지만, 라플뢰르는 다른 샤토보다 나으면 나았지 못하지 않다는 평가를 받고 있다. 특히 로버트 파커도 혀를 내두른 것이 **복잡하고 독특한 아로마**로, 몇 층이나 겹쳐진 독특한 향을 자아낸다.

페트뤼스조차 표현하지 못하는 이 복잡함을 「라플뢰르 매직」 또는 「몬스터」라고도 하며, 때로는 페트뤼스보다 고가로 거래되기도 한다.

라플뢰르의 이름이 세계에 알려진 것은 1975년에 로버트 파커가 처음으로 샤토를 방문했을 때였다. 그때까지 주로 벨기에로 수출되던 라플뢰르는 생산량이 적기도 해서 일부 애호가만 아는 존재였으나, **파커가 「포도밭의 보물이다」, 「페트뤼스와 같은 레벨이다」라고 극찬**하여 단번에 주목을 받게 되었다.

당시 라플뢰르는 메도크 5등급 샤토인 그랑 퓌 라코스트(Château Grand-Puy-Lacoste)와 비슷한 가격에 판매되고 있었는데, 그 뒤로 영국과 미국으로도 수출하면서 가격 역시 상승했다. 지금도 파커가 「역사상 가장 마음에 드는 보르도 와인」이라고 맹목적인 사랑을 표현하고 있어서, 전 세계 수집가가 갖고 싶어하는 명품 와인이다.

비유 샤토 세르탕

# VIEUX CHÂTEAU CERTAN

참고가격

약 29 만 원

주요사용품종

메를로, 카베르네 프랑, 카베르네 소비뇽

GOOD VINTAGE

1928, 45, 47, 48, 50, 52, 82, 89, 2000, 05, 06, 09, 10, 14, 15, 16, 17, 18

참신한 핑크색 포일(코르크 커버)은 티앙퐁 가문이 샤토를 구입했을 때 디자인한 것. 셀러에 눕혀 놓은 상태에서도 분홍색 포일로 쉽게 VCC를 알아볼 수 있다.

※ 사진은 임페리얼 사이즈(6,000㎖).

## 악천후로 인한 출하 단념, 그리고 경영난……, 역경에서 V자 회복을 이룬 포므롤의 명문

16세기에 이미 포므롤의 가장 좋은 땅에 존재하고 있던 비유 샤토 세르탕(VCC)은, 오래전부터 본격적으로 와인을 양조해서 **페트뤼스와 나란히 포므롤의 명문 샤토**로서 그 지위를 오랫동안 지켜왔다. 또한 왕후나 귀족에게도 사랑을 받아 베르사유 궁전에서도 주문이 쇄도했다고 한다.

1924년에는 현재의 오너이자 르 팽도 소유하고 있는 포므롤의 명가 티앙퐁 가문의 손에 넘어갔다.

그런데 얼마 지나지 않아 포므롤에 악천후가 이어지면서 1931년부터 3년 동안 와인 출하를 단념해야 했다. 그 결과 샤토는 경영난에 빠졌고, 티앙퐁 가문은 다른 샤토를 매각하기에 이르렀다. 매각으로 경영은 회복되었지만, VCC는 페트뤼스와 어깨를 나란히 하던 과거의 명성을 잃고 말았다.

하지만 최근에 **부활을 알리면서 다시 주목받는 샤토가 되었다.** 되도록 농약을 쓰지 않고 포도를 재배하고, 블렌딩 비율과 양조법도 개혁해서 높은 평가를 받는 데 성공한 것이다.

2010년, 11년에는 2년 연속 파커 포인트 100점을 획득하며 다시 인기 샤토의 대열에 들어섰고, 2010년에는 와인 관계자를 대상으로 한 앙케트에서도 100점을 받아 보르도에서 4번째로 인기 있는 와인으로 선정되었다.

사도 레글리즈 클리네

# CHÂTEAU L'EGLISE-CLINET

참고가격

약 30만 원

주요사용품종

메를로, 카베르네 프랑

GOOD VINTAGE

1921, 45, 47, 49, 50, 59, 85, 95, 98, 2000, 01, 05, 06, 08, 09, 10, 11, 12, 14, 15, 16, 17

## 극심한 냉해를 겪은 포도나무를 훌륭하게 재생!

「포므롤의 숨겨진 명품」으로 이름 높은 레글리즈 클리네는 평론가로부터 늘 호평을 받으며, **가장 가성비가 높은 와인 중 하나**로 꼽힌다.

포므롤이 기록적인 냉해를 겪은 1956년, 많은 샤토에서 포도나무를 새로 심었으나 레글리즈 클리네에서는 포도나무를 남겨뒀고 대부분을 다시 살리는 데 성공했다.

그 때문에 레글리즈 클리네의 **포도나무 수령은 평균 40~50년 정도**로 오래되었고, 그 오래된 나무에서 만들어지는 균형 잡힌 응축감이 특징이다. 독자적인 깊이와 입에 닿는 부드러운 감촉은, 어느 샤토도 결코 흉내낼 수 없는 것으로 높이 평가된다.

레글리즈 클리네가 지금처럼 높은 평가를 받은 것은 **「양조가 중의 양조가」로 불리는 드니 뒤랑투(Denis Durantou)**가 새롭게 경영에 참가한 1983년부터였다.

1960년부터 80년대 전반까지 계속 부진했던 레글리즈 클리네는 포므롤이 천혜의 기후였던 82년조차도 아로마를 충분히 끌어내지 못했고, 이 실패가 샤토의 평가에 큰 상처를 남겼다.

그 다음해부터 경영에 참가한 드니 뒤랑투는 곧바로 양조장을 개선하는 등 하드웨어를 재정비했고, 덕분에 1985년에 이미 나무랄 데 없는 완성도를 실현해, 그해부터 레글리즈 클리네는 다시 태어났다는 평가를 받고 있다.

2005년에는 파커 포인트 100점 만점을 획득했는데, 완성도가 「페트뤼스나 라플뢰르보다 높다」고 평가하는 사람이 있을 정도이다.

샤토 오존

# CHÂTEAU AUSONE

참고가격

약 86 만 원

주요사용품종

카베르네 프랑, 메를로

GOOD VINTAGE

1874, 1900, 29, 2000, 01, 03, 05, 08, 10, 15, 16, 17

연간 생산량이 약 2만 병으로, 구하기 힘든 진귀한 와인 중 하나이다.

## 시음적기가 160년 이상 계속되는, 몬스터급의 장기숙성형 와인

샤토 오존은 생테밀리옹 마을에서 4개의 샤토밖에 획득하지 못한 최고 등급「프리미에 그랑 크뤼 클라세 A(특1급 포도원 A)」를 획득한, 격이 다른 샤토이다. 슈발 블랑(→ p.128)과 함께 **생테밀리옹의 2대 샤토로 불리는 실력을 겸비하고 있다.**

보르도의 5대 샤토와 오존, 슈발 블랑 그리고 페트뤼스 등 8개 샤토를「**Big 8**」이라 부르며, 와인 업계에서도 경의를 표하는 존재이다. 경매에서도 이들 와인은 항상 고가로 거래된다.

오존 와인은 장기숙성을 거쳐야 마침내 본래의 풍미를 발휘한다. 로버트 파커도 1874년산을 테이스팅했을 때「내가 지금까지 오존을 평가하지 않았던 이유는 121년을 기다릴 기회가 없었기 때문이다」라고 코멘트했으며, 1874년산은 **162년 뒤인 2036년까지 시음적기가 계속될 것이라**고 칭찬했다.

그러나 이처럼 높은 평가를 받은 오존도 한때는 선두에서 이탈한 적이 있다. 20세기에는 그만큼 좋은 평가를 받지 못했고, 보르도 우안이 굿 빈티지로 들썩였던 1982년, 89년, 90년조차 모두 악평으로 끝났을 정도였다.

침체기를 거쳐 드디어 본래의 명성을 되찾은 것은 2000년 이후의 일이다. 2001년산 오존은「보르도 넘버원 레드와인」으로 칭송을 받았고, 로버트 파커도 2001년산을「The wine of the vintage(그해의 가장 우수한 와인)」이라고 극찬을 아끼지 않았다.

샤토 슈발 블랑
# CHÂTEAU CHEVAL BLANC

참고가격

약 82만 원

주요사용품종

카베르네 프랑, 메를로,
카베르네 소비뇽

GOOD VINTAGE

1921, 47, 48, 90, 98, 2000,
05, 06, 09, 10, 15, 16

SECOND WINE

르 프티 슈발
## LE PETIT CHEVAL

약 22만 원

최근에는 세컨드 와인도 인기를 얻고 있다. 퍼스트 와인이 카베르네 프랑을 주로 사용하는 데 비해, 이 와인은 메를로를 주로 사용한다.

## 아카데미상을 수상한 영화로도 화제가 된, 5대 샤토와 어깨를 나란히 하는 실력파



1955년 생테밀리옹에도 메도크와 마찬가지로 공식 등급이 만들어졌다 (→ p.134). 그 등급에서 **오존과 함께 만장일치로 최상급인 「프리미에 그랑 크뤼 클라세 A(PREMIERS GRANDS CRUS CLASSÉS A)」를 획득**한 와인이 슈발 블랑이다. 이 등급은 10년에 1번 개정되는데, 슈발 블랑은 지금도 여전히 최상급 샤토로 군림하고 있다.

예전에 크리스티스 경매에 1947년산 슈발 블랑 6ℓ짜리 대형 보틀이 출품되었을 때는, 이 사이즈의 1947년산은 세계에 1병밖에 없는 것으로 알려져 낙찰가가 30만4375달러에 이르렀다. 이 낙찰가는 오랫동안 와인의 최고 낙찰가를 유지했을 정도였다.

슈발 블랑을 단번에 세계적으로 유명하게 만든 것은 아카데미상 수상 영화인 **「사이드웨이(Sideways)」**이다. 와인 마니아인 주인공이 이혼한 아내와의 결혼 10주년을 축하하기 위해 준비한 것이 1961년산 슈발 블랑이었다. 하지만 재결합이 불가능하다는 사실을 안 주인공은 슈발 블랑을 패스트푸드점에 들고 가서 마셔버린다. 이 장면 덕분에 슈발 블랑의 이름이 세상에 더 널리 알려지게 되었다.

덧붙이자면 슈발 블랑은 1998년에 루이비통 그룹(LVMH)의 아르노 회장과 프레르 남작에게 1억3500유로(약 1700억 원)에 매수되어 모던한 스타일로 변모했다.

230억 원을 투자해 탈바꿈한, 프리츠커상을 수상한 유명 건축가가 지은 근대적인 샤토는, 생테밀리옹 마을의 전원 풍경과 자연스럽게 조화를 이루어 마을을 방문한 관광객들이 찾는 핫 플레이스가 되었다.

샤토 앙젤뤼스

# CHATEAU ANGELUS

참고가격

약 47 만 원

주요사용품종

메를로, 카베르네 프랑

GOOD VINTAGE

1989, 90, 93, 95, 98,
2000, 01, 03, 04, 05, 06,
09, 10, 11, 12, 15, 16, 17

중국에서 행운의 상징으로 여기는 「금종」이 그려져 있다.

## 전대미문의 성공 스토리! 그러나 의혹도……

샤토 앙젤뤼스는 예전에 생테밀리옹 등급 중 최하위에 해당하는 「그랑 크뤼 클라세(GRAND CRUS CLASSÉ, 특급 포도원)」에 선정되었던 샤토이다.

하지만 1996년에 「프리미에 그랑 크뤼 클라세 B(PREMIERS GRANDS CRUS CLASSÉS B, 특1급 포도원 B)」로, 그리고 2012년에는 「프리미에 그랑 크뤼 클라세 A(PREMIERS GRANDS CRUS CLASSÉS A, 특1급 포도원 A)」로 승격되었다. 생테밀리옹 등급은 10년마다 개정되는데, 앙젤뤼스는 **전대미문의 성공 스토리를 이뤄낸** 것이다.

그러나 이 승격에 이의가 제기되었다. 사실 앙젤뤼스의 공동 경영자인 위베르 드 부아르(Hubert de Bouard)가 생테밀리옹 등급의 심사위원을 맡고 있는 장본인이었기 때문이다. 예전부터 갈망하던 최고 등급의 자리를 얻기 위한 수상한 움직임이 있었다고 해서, 부아르가 기소되었다. 10년마다 재심사를 실시해 공정한 것으로 알려져 있었지만, 강등이나 부정 심사 등 여러 가지 문제가 부각된 것이다.

이렇게 좋지 않은 일로 스포트라이트를 받은 앙젤뤼스이지만, 적극적인 마케팅을 통해 **세계적으로 높은 지명도를 자랑한다.**

예를 들어 제임스 본드 영화에는 일반적으로 공식 스폰서를 맡은 기업의 샴페인인 「볼랭제(Bollinger)」가 나오는데, 2006년에 개봉한 영화 **「007 카지노 로열」**에서는 본드걸과의 저녁식사 자리에 1982년산 앙젤뤼스가 등장해 큰 화제가 되었다.

또한 중국에서는 앙젤뤼스의 라벨에 그려진 금종(Kin Chung)을 행운의 상징으로 여기기 때문에, 앙젤뤼스는 발 빠르게 중국으로 진출해서 큰 인기를 얻었다.

샤토 파비

# CHÂTEAU PAVIE

참고가격

약 42 만 원

주요사용품종

메를로, 카베르네 소비뇽, 카베르네 프랑

GOOD VINTAGE

1998, 2000, 01, 03, 05, 06, 09, 10, 15, 16, 17, 18

## 「파비(복숭아)」에서 시작된 포도밭

로마시대에 이미 존재했던 파비의 밭은 당시에는 포도가 아니라 **복숭아(파비)를** 재배했다. 복숭아 과수원이 포도밭으로 바뀌면서 「샤토 파비」가 탄생한 것이다.

원래 파비는 생테밀리옹의 중견급 수준이었으나, 1998년에 현재의 오너인 제라르 페르스(Gérard Perse)가 샤토를 구입하면서 최고 샤토의 반열에 올랐다.

페르스는 풍부한 자금력으로 양조장을 새롭게 개선하고, 온도가 관리되는 특별한 발효 오크통과 최신식 셀러를 갖췄다. 게다가 프랑스의 저명한 와인 양조 컨설턴트인 미셸 롤랑을 등용하는 등 참신한 개혁이 성공을 거두어 연이어 파커 포인트 고득점을 획득했다.

이렇게 파비는 최고 샤토의 대열에 들어섰지만 2003년산 와인이 커다란 논쟁을 일으켰다. 2003년에 보르도는 40℃ 정도로 이상 고온이 계속되어 생산을 단념한 샤토도 있었는데, 파비는 파커 포인트에서 고득점을 받은 것이다.

이에 대해 영국인 평론가 잰시스 로빈슨 여사는 알코올 도수가 높고 지나치게 단 파비의 와인을 **「파커리제이션 와인(parkerization wine, 파커화한 와인)」**에 비유하며, 보르도 와인이 고득점을 받으려고 파커 취향의 맛을 내는 경향에 대해 우려했다. 또 미셸 롤랑이 관여한 샤토의 파커 포인트가 일제히 올라 양측의 관계도 구설수에 올랐다.

더욱이 파비는 **2012년에 생테밀리옹 등급 재심사에서 최고 등급인 프리미에 그랑 크뤼 클라세 A(특1급 포도원 A)로 승격**됐는데, 함께 최고 등급에 선정된 앙젤뤼스와 마찬가지로 그 정당성을 의심받아 큰 스캔들이 되었다. 이렇게 사람들 입방아에 오르내리는 파비이지만, 샤토도 아름답게 재건축해서 그 인기는 점점 더 높아지고 있다.

## 생테밀리옹 지역_ 프리미에 그랑 크뤼 클라세 A·B 샤토 리스트

※ 10년마다 등급 재심사가 있다.

| 프리미에 그랑 크뤼 클라세 A(PREMIERS GRANDS CRUS CLASSÉS A) | |
|---|---|
| 샤토 슈발 블랑<br>Château Cheval Blanc | 샤토 오존<br>Château Ausone |
| 샤토 앙젤뤼스<br>Château Angélus | 샤토 파비<br>Château Pavie |

| 프리미에 그랑 크뤼 클라세 B(PREMIERS GRANDS CRUS CLASSÉS B) | |
|---|---|
| 라 몽도트<br>La Mondotte | 샤토 카농<br>Château Canon |
| 샤토 라 가플리에르<br>Château la Gaffelière | 샤토 카농 라 가플리에르<br>Château Canon la Gaffelière |
| 샤토 라르시 뒤카스<br>Château Larcis Ducasse | 샤토 트로트비에유<br>Château Trottevieille |
| 샤토 발랑드로<br>Château Valandraud | 샤토 트롤롱 몽도<br>Château Troplong Mondot |
| 샤토 벨레르 모낭주<br>Château Bélair-Monange | 샤토 파비 마캥<br>Château Pavie Macquin |
| 샤토 보세주르<br>Château Beauséjour | 샤토 피작<br>Château Figeac |
| 샤토 보세주르 베코<br>Château Beau-Séjour-Bécot | 클로 푸르테<br>Clos Fourtet |

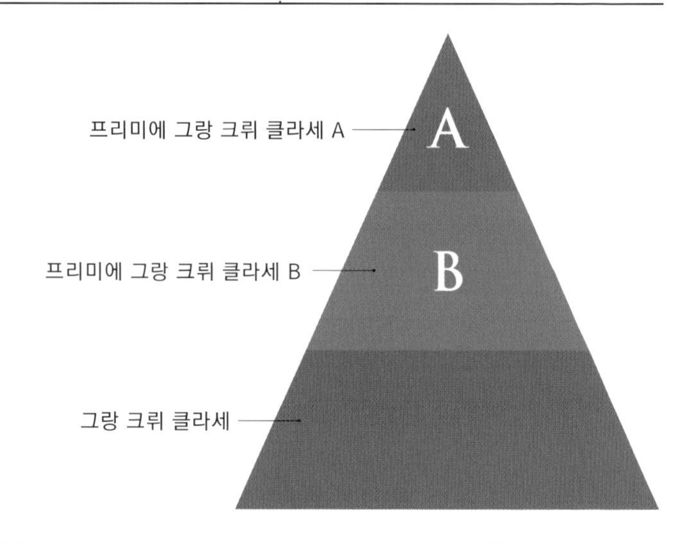

## 포모롤 지역_ 대표적인 샤토 리스트

※ 포므롤 지역에는 다른 지역과 달리 등급이 없다.

| |
|---|
| 르 팽 Le Pin |
| 비유 샤토 세르탕 Vieux Château Certan |
| 샤토 가쟁 Château Gazin |
| 샤토 네넹 Château Nenin |
| 샤토 뒤 도멘 드 레글리즈 Château du Domaine de l'Eglise |
| 샤토 드 살 Château de Sales |
| 샤토 라 콩세이앙트 Château la Conseillante |
| 샤토 라 크루아 드 게 Château la Croix de Gay |
| 샤토 라투르 아 포므롤 Château Latour à Pomerol |
| 샤토 라플뢰르 Château Lafleur |
| 샤토 라플뢰르 페트뤼스 Château Lafleur Petrus |
| 샤토 레글리즈 클리네 Château l'Eglise-Clinet |
| 샤토 레방질 Château l'Evangile |
| 샤토 렝클로 Château l'Enclos |
| 샤토 르 게 Château le Gay |
| 샤토 세르탕 드 메이 Château Certan de May |
| 샤토 클리네 Château Clinet |
| 샤토 트로타누아 Château Trotanoy |
| 샤토 프티 빌라주 Château Petit Village |
| 페트뤼스 Petrus |

샹 파 뉴

# CHAMPA

# GNE

샹파뉴는 축하 자리에서 많이 마시는 발포성와인 「샴페인」을 만드는 프랑스의 고급와인 생산지이다. 이 지역에서 만들어지고, 법률에 규정된 조건을 충족한 와인만이 「샴페인」이라는 이름을 사용할 수 있다.

샹파뉴에서는 샴페인 브랜드를 지키기 위해 품질 관리를 철저히 한다.

예를 들어, 샴페인의 기포는 와인에 탄산을 넣어서 만들거나 탱크에서 기포를 만들어 병입하는 것은 허용되지 않는다. 「병내 2차 발효」라고 해서 병입한 와인에 당분과 효모를 첨가하고 다시 발효시켜 기포를 만들어야 한다.

또한 포도의 품종, 숙성기간, 최저 알코올 도수 등에도 엄격한 규정이 있다. 이렇게 해서 세계적인 「샴페인」의 브랜드와 지위를 지키고 있는 것이다.

돔 페리뇽 P3 빈티지

# DOM PÉRIGNON P3 VINTAGE

참고가격

약 330만 원

주요사용품종

피노 누아, 샤르도네

「P2」, 「P3」는 엄선해서 숙성시켰다는 표시이다.

돔 페리뇽 P2 빈티지

# DOM PÉRIGNON P2 VINTAGE

참고가격

약 47 만 원

주요사용품종

피노 누아, 샤르도네

돔 페리뇽 빈티지

# DOM PÉRIGNON VINTAGE

참고가격

약 24 만 원

주요사용품종

피노 누아, 샤르도네

GOOD VINTAGE

1985, 90, 95, 96, 2002, 04, 06, 08

## 3번째 시음적기를 맞이하면 가격이 10배 가까이 뛴다

화려하고 우아한 돔 페리뇽은 「럭셔리」의 대명사로 세계에서 가장 유명한 샴페인이며, 가장 품질에 심혈을 기울이는 브랜드 중 하나이다. 돔 페리뇽은 작황이 좋은 해에만 샴페인을 만들기 때문에 논 빈티지(Non-Vintage)가 없다(샹파뉴에서 빈티지를 기재하려면 그해에 수확한 포도를 80% 이상 사용해야 한다).

돔 페리뇽은 페리뇽 수도사에 의해 탄생했으며, 그 뒤 모엣&샹동이 돔 페리뇽 상표를 획득해서 1936년에 처음으로 돔 페리뇽이라는 브랜드로 출하하였다. 그리고 지금은 연간 500만 병이나 생산하는, 최고의 샴페인 브랜드이다.

돔 페리뇽에는 「**샴페인은 3번의 시기를 맞이한다**」는 철학이 있다. 즉, 돔 페리뇽에는 시음적기가 3차례 찾아온다는 것이다.

**처음 시음적기가 찾아오는 때는 수확하고 약 8년 뒤**이다. 대부분의 경우 샴페인은 15개월, 빈티지를 기재하려면 36개월 숙성이 의무화되어 있는데, 가장 일반적인 돔 페리뇽(돔 페리뇽 빈티지)은 첫번째 시음적기가 찾아오는 8년 뒤까지 오크통에서 서서히 숙성시켜 시음 절정기에 맞춰서 출하된다.

그것도 딱 8년에 맞춰서 출하하는 것이 아니라 시음적기가 될 때가지 충분히 기다린다. 예를 들어 2008년산의 경우 약 9년 동안 숙성시켰기 때문에, 2017년에 출하된 2009년산보다 1년 늦은 2018년에 출하되었다.

참고로 2008년산은 2018년을 기점으로 은퇴를 표명한 돔 페리뇽의 양조 최고 책임자인 리샤르 조프루아(Richard Geoffroy)가 출하까지 관여한 마지막 빈티지여서 인기가 많다. 2019년부터는 벵상 샤프롱(Vincent Chaperon)이 그 일을 이어받았다.

돔 페리뇽의 **2번째 절정기는 15년 전후로 찾아온다.** 이 숙성기간을 거친 돔 페리뇽은 「플레니튀드 2(Plenitude 2, P2)」라고 불리며 병에도 **「P2」**라고 표시한다. 작황이 좋은 해에 수확한 포도만 돔 페리뇽 「P2」로 숙성이 허용된다.

그리고 **30년 전후로 마지막 플레니튀드(절정기)를 맞이한 돔 페리뇽이 「P3」가 된다.**

일반적인 돔 페리뇽도 기준을 충족해야 출하되는데, 그중에서 P2가 되는 빈티지를 선발하고 또다시 P3를 선발하는 것이다. 엄선된 돔 페리뇽만이 30년 숙성을 통해 최고의 샴페인이 될 수 있다.

장기간에 걸쳐 오크통에서 숙성된 돔 페리뇽을 마시면 오래된 몽라셰(부르고뉴의 최고급 화이트와인) 같은 발효감과 묵직하고 깊은 풍미가 느껴진다. 일반적으로 샴페인은 식전주로 마시거나 가벼운 식사에 곁들이지만, P3는 고기 요리에 곁들여도 결코 뒤지지 않는 무게감이 느껴진다.

시간의 경과와 함께 만들어지는 이 풍미는 인공적으로는 절대 표현할 수 없는 것으로, **오랜 세월을 거쳐 자연이 완성한 예술**이라 할 수 있다. 예전에 나도 P3를 마신 적이 있는데, 샴페인이라는 카테고리를 뛰어넘는 유서 깊은 예술품을 마신 듯했다.

물론 숙성기간 중에는 출하될 때까지 자금을 회수할 수 없지만, 이것이 품질을 추구하는 돔 페리뇽의 철학이다.

샹파뉴

크뤼그 클로 뒤 메닐

# KRUG CLOS DU MESNIL

참고가격

약 140 만 원

주요사용품종

샤르도네

GOOD VINTAGE

1982, 83, 95, 96, 98, 2000, 02

OTHER WINE

크뤼그 그랑 퀴베

## KRUG GRANDE CUVÉE

약 23 만 원

크뤼그의 일반적인 와인. 다른 빈티지의 와인을 블렌딩해서 만든다. 그해에 수확한 포도를 중심으로 만드는 「크뤼그 빈티지(KRUG VINTAGE)」도 있다.

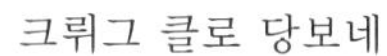


# KRUG CLOS D'AMBONNAY

참고가격

약 320만 원

주요사용품종

피노 누아

GOOD VINTAGE

1995, 98, 2002

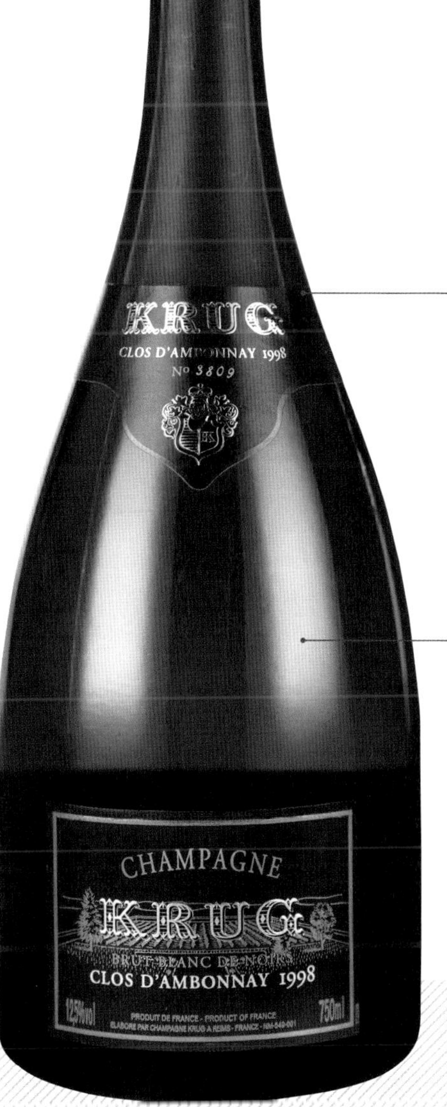


독특하고 우아한 모양의 병도 크뤼그의 와인이 인기 있는 이유 중 하나이다. 이 병을 사용하게 된 때는 1978년으로, 발포성와인인 샴페인에 이상적인 길고 가는 병목이 특징이다.

크뤼그의 양조가는 샴페인용 글라스(플루트)가 아닌 화이트 와인용 글라스로 마시기를 추천한다. 실제로 그렇게 마셔보면 향도, 풍미도, 입 전체에 느껴지는 그윽함도 달라진다.

## 매우 적은 양을 한정된 해에만 만드는 2가지 샴페인

크뤼그(KRUG)는 크뤼기스트(Krugist)라는 말이 생길 정도로 전 세계에 열광적인 팬들을 거느린 샴페인하우스이다. 「해마다 최고 품질의 샴페인을 만든다」라는 비전으로 1843년에 조제프 크뤼그에 의해 설립되었는데, 현재 LVMH 그룹에 소속되어 지명도가 더욱 높아지고 있다.

크뤼그에서 가장 일반적인 와인은 「그랑 퀴베(멀티 빈티지)」로, 다른 빈티지의 와인을 블렌딩해서 만드는 샴페인이다. 크뤼그의 카브(cave, 지하의 포도주 저장실)에는 「라이브러리 스톡」이라 불리는, 빈티지와 품종이 다른 400종류의 방대한 와인이 있으며, **그랑 퀴베는 6~10년 숙성된 120종 이상의 와인을 블렌딩하고 다시 6년 이상 숙성시킨 것**이다. 이러한 궁극의 블렌딩 기술도 크뤼그가 사랑받는 이유 중 하나이다.

그랑 퀴베와는 달리 단일 구획에서 재배된 단일 품종을 사용하고, 단일 빈티지만으로 만드는 와인이 「클로 뒤 메닐」이다. 1698년부터 돌담으로 보호된 **불과 1.84㏊의 밭에서 재배한 샤르도네만 사용해서 만든다.**

메종의 5대 오너인 레미(Rémi)와 앙리(Henri) 크뤼그 형제가 메닐 쉬르 오제(Mesnil–sur–Oger) 마을에 있는 이 밭을 발견했을 때 잠재력을 알아보고, 궁극의 「블랑 드 블랑(화이트와인용 포도만으로 만드는 스파클링와인)」 제조에 착수한 것이 클로 뒤 메닐의 시작이었다.

첫 빈티지는 1979년으로 7년 숙성을 거쳐 1986년에 발매되었다. 1년에 8,000~14,000병 정도로 소량만 생산하며, 작황이 좋은 해에만 만들 수 있어 희소성이 높은 와인이다.

나도 1990년산 클로 뒤 메닐을 마신 적이 있는데, 물처럼 맑고 깨끗한 느낌이 매우 인상적이었으며, 치밀한 기포와 입에 닿는 섬세한 느낌에 압도되었다. 20여 년 전인데도 여전히 내가 마신 샴페인 중 톱 리스트에 들어 있다.

클로 뒤 메닐이 성공하자 크뤼그 형제는 100% 피노 누아로 만든 샴페인 생산에도 도전했다.

피노 누아로 유명한 앙보네(Ambonnay) 마을을 둘러본 형제는 탁월한 샴페인을 만들기 위한 특별한 구획을 발견하고 1994년에 구입했다. 1년 뒤 이 밭에서 「클로 당보네」가 탄생하였다.

**95년산 클로 당보네의 생산량은 불과 3,000병**으로 12년의 숙성을 거쳐 마침내 2007년에 출하되었다. 출하 가격은 약 370만 원으로 발표되었는데, 처음 경매에 출품되었을 때는 1병에 450~550만 원이라는 낙찰예상가를 웃돌아 최고 630만 원 정도까지 가격이 뛰었다. 지금은 그 열기가 잦아들어 낙찰예상가가 210만 원 정도이지만, 그 인기는 아직 떨어지지 않았다.

클로 당보네 역시 작황이 좋은 해에만 양조하여 지금까지 **생산된 빈티지는 1995, 96, 98, 2000, 02년뿐**이다(2019년 기준). 그 희소성 때문에 다시 가격이 오를지도 모른다.

루이 로드레 크리스탈

# LOUIS ROEDERER CRISTAL

참고가격

약 31 만 원

주요사용품종

피노 누아, 샤르도네

GOOD VINTAGE

1990, 95, 96, 99, 2002, 04, 06, 08, 09

거대기업에 소속된 샴페인하우스가 많지만 루이 로드레는 지금도 가족경영을 유지하면서, 연간 350만 병을 100개국 이상에 출하한다.

## 와인병이 투명한 이유는 「독」을 타지 못하게

1833년에 숙부로부터 메종을 이어받은 루이 로드레는 회사를 자신의 이름으로 바꾸고 해외 시장을 타깃으로 비즈니스를 진행했다. 가장 큰 수출국은 러시아로 생산량의 1/3을 출하했으며, 러시아 황제 알렉산드르 2세가 마음에 들어 할 정도였다.

그래서 **러시아 궁정 납품용 샴페인으로 탄생**한 것이 「크리스탈」이다. 크리스탈의 병이 투명한 이유도 사실은 러시아와 깊은 관련이 있다. 원래 와인은 섬세해서 햇빛의 영향을 받기 쉬우므로, 특히 샴페인 병은 색을 짙게 만들어 햇빛으로부터 보호해야 한다. 하지만 정세가 매우 불안정해서 항상 암살을 두려워했던 알렉산드르 2세는 **샴페인에 독을 타지 못하도록 병을 투명하게 하고, 병 바닥에 폭발물을 숨기지 못하도록 평평한 형태로** 만들 것을 요구했다.

크리스탈은 미국의 유명인들에게도 사랑을 받아 성공한 사람의 상징이 되기도 했다. 특히 흑인을 중심으로 하는 힙합 아티스트들이 크리스탈을 좋아해서, 뮤직비디오에 병째로 마시는 모습을 담거나 크리스탈을 사용한 조악한 칵테일을 만들기도 했다.

이에 대해 2006년 루이 로드레의 매니징 디렉터가 영국의 주간지 《이코노미스트》와의 인터뷰에서 「이런 현상은 바라던 바가 아니다. 돔 페리뇽이나 크뤼그가 흑인 래퍼들의 구입을 기뻐할 것이다」라고 발언해 물의를 빚었다. 이 발언은 인종 차별로 화제가 되었고, 미국에서는 크리스탈 불매 운동이 일어났을 정도였다.

특히 크리스탈을 좋아했던 래퍼 제이지(JAY-Z)의 호소로 크리스탈은 힙합계에서 모습을 감추었고, 이후 크리스탈을 대신해 아르망 드 브리냑(Armand de Brignac)을 많이 보게 되었다.

샹파뉴

살롱 블랑 드 블랑

# SALON BLANC DE BLANCS

참고가격

약 95 만 원

주요사용품종

샤르도네

GOOD VINTAGE

1982, 96, 97,
2002, 06, 07

## 21세기에 겨우 5번 생산된 샴페인

모피상점을 운영하던 외젠 에메 살롱(Eugène-Aimé Salon)은 친구와 마시기 위해 취미로 100% 샤르도네 샴페인을 만들기 시작했다. 살롱이 만든 샴페인은 평판이 좋았고 친구도 권해서 1911년에 샴페인하우스 「살롱」을 설립했다.

설립 당시부터 살롱의 샴페인은 메닐 쉬르 오제 마을의 샤르도네만을 사용했고, 그 높은 품질로 순식간에 호평을 받았다. 당시 사교계의 중심이던 맥심 드 파리(Maxim de Paris)의 하우스와인으로도 선정되어, 전 세계 상류 계급으로 인지도를 넓혔다.

살롱은 **가장 희소가치가 높은 샴페인**이라고도 한다. 고품질이 아니면 출하하지 않는 자세를 철저히 고수해서, **20세기에는 첫 빈티지(1905년)를 포함해 불과 37개의 빈티지밖에 만들지 못했다.** 21세기에 들어서도 2002, 04, 06, 07년, 그리고 현재 셀러에서 숙성중인 2008년까지 불과 5개의 빈티지만 생산되었다(2019년 기준). 참고로 살롱의 규정을 충족하지 못한 포도는 같은 그룹에 속한 델라모트(Delamotte)의 샴페인에 사용한다.

이처럼 희소성이 높은 살롱은 인기도 많아서 Liv-ex의 발표에서도 유명 샴페인 브랜드(크뤼그, 돔 페리뇽, 크리스탈 등) 중 가장 인기가 많았다. 가격도 2008년부터 2018년 사이에 163%나 상승했다.

예전에 크리스티스가 개최한 샴페인 디너에서도 「지금까지 마신 샴페인 중 가장 맛있었던 것은?」이라는 질문에, 많은 관객이 작황이 좋았던 1996년산 살롱을 꼽았던 기억이 있다.

폴 로저 서 윈스턴 처칠

# POL ROGER SIR WINSTON CHURCHILL

참고가격

약 28만 원

주요사용품종

피노 누아, 샤르도네

GOOD VINTAGE

1982, 85, 96, 2002, 04, 08

해군 출신인 처칠을 기리기 위해 짙은 남색과 검붉은 색이 배합된 라벨.

## 평생 4만 병 이상의 샴페인을 딴,
## 영국 전 총리에게 헌상된 술



영국의 전 총리 윈스턴 처칠(1874~1965년)은 엄청난 샴페인 애호가로 이름이 알려진 위인 중 한 사람이다. 그중에서도 처칠이 사랑한 샴페인은「폴 로저」이다.

처칠과 폴 로저의 만남은 프랑스에서 열린 영국 공사 주최의 오찬장에서였다. 1928년산을 맛본 처칠은 폴 로저의 매력에 사로잡혀 그 뒤부터 샴페인을 대량으로 구입하게 되었다. 영국군이 제2차 세계대전에 참전했을 때는 **「프랑스를 위해 싸우는 것이 아니라 샴페인을 위해 싸우는 것이다」**라는 명언을 남겼을 정도이다.

처칠의 낭비에 대해 쓴 책『No more Champagne』에는 처칠의 샴페인 소비량이 나와 있는데, 그가 평생 소비한 양은 무려 42,000병이었다고 한다.

그런 처칠이 세상을 뜬 1965년에 만든 1965년산 폴 로저에는 애도의 의미를 담아 검은 띠가 둘러졌다. 많은 샴페인 메종이 미국의 금주법과 러시아혁명 등으로 타격을 받은 와중에, **폴 로저는 처칠 덕분에 버틸 수 있었다**고 해도 과언이 아닐 정도로 둘은 밀접한 관계였다. 처칠은 결혼할 때도 폴 로저 1895년산을 9케이스, 하프 사이즈를 7케이스, 1900년산 하프 사이즈를 4케이스 주문했다는 기록이 남아 있다.

그리고 1975년에는 처칠에게 바치는 특별한 폴 로저「서 윈스턴 처칠」이 발표되었다. 서 윈스턴 처칠은 처칠을 매료시킨 우아한 감촉, 그리고 아로마가 돋보이는 섬세한 풍미로 완성되었다.

# 와인 기초용어 복습

## 빈티지

「수확」, 「수확 연도」를 의미하며, 원료인 포도가 수확된 해를 말한다. 포도는 다른 과일에 비해 기후의 영향을 많이 받기 때문에, 수확 연도에 따라 생육 상태에 큰 차이가 생긴다. 따라서 수확한 해에 따라 와인의 완성도가 달라지며 같은 토지, 같은 생산자여도 빈티지가 다르면 그 품질과 가격이 크게 달라진다.

## 오프 빈티지

일반적으로는 포도의 작황이 좋지 못한 해, 기후가 나빴던 해를 의미한다. 보통 오프 빈티지로 불리는 해에는 열매송이가 미숙한 포도는 일부러 잘라내고, 남은 송이에 집중적으로 광합성을 시키고 양분을 흡수하게 하므로 와인 생산량이 줄어든다. 생산자에 따라 오프 빈티지에는 출하를 줄이거나 아예 생산하지 않는 일도 있다.

## 테루아

포도가 자라는 자연환경을 이르는 말로 토양, 기후, 장소를 의미한다. 포도는 자연환경에 따라 다른 개성이 나타나므로, 각지에서 그 땅의 테루아를 살린 방법으로 재배한다.

## 일조량

일조량은 와인 생산에서 중요한 키워드 중 하나이다. 햇빛은 포도 잎의 광합성량을 늘려 과일의 당도, 산, 색소, 즙 등 포도의 맛에 큰 영향을 미친다. 맛있는 포도를 재배하기 위해서는 알맞은 시기에 적당한 일조량이 필요하다.

## 강수량

포도 재배에서는 강수량도 중요한 요소 중 하나이다. 여름에 내리는 비로 인해 과즙의 농도가 낮아져 묽어지거나, 비가 내리는 타이밍에 따라 포도의 당도가 높아지기도 한다.

## 타닌

포도 껍질과 씨에 있는 폴리페놀의 일종. 와인의 맛에 깊이와 복잡함을 더해주고, 와인 숙성에서도 중요한 역할을 한다. 타닌은 시간의 경과와 함께 앙금(타닌과 폴리페놀이 결정화한 것)이 되어 병 바닥에 가라앉고, 서서히 타닌이 약해지면서 떫은맛과 쓴맛이 사라진 부드러운 풍미의 와인으로 변해간다.

## 샤토 / 도멘

모두 생산자를 의미한다. 주로 프랑스 보르도 지방의 생산자를 「샤토」라고 부르는데, 보르도의 생산자가 예로부터 성(샤토)과 같은 건물에서 와인을 생산한 데서 유래되었다. 보르도에는 7천 개 이상의 샤토가 있으며, 1만 종류 이상의 와인이 생산된다. 반면 보르도처럼 큰 건물이 없던 부르고뉴에서는 생산자를 「도멘」이라고 부른다. 이름은 다르지만 둘의 정의는 크게 다르지 않다.

## 빈야드

포도밭, 포도원이라는 의미다. 단일밭의 포도만 사용해서 만든 와인을 「싱글 빈야드(단일 포도밭) 와인」이라 하며, 그 토지의 특징이 와인에 직접적으로 나타난다.

## 아로마 / 부케

포도가 지닌 향이나 발효 중에 생기는 향을 「아로마」, 와인이 완성된 뒤(병입된 뒤)에 숙성과 함께 서서히 변화하는 향을 「부케」라고 부른다. 각각 과일과 식물, 향신료 등 다양한 향으로 표현한다.

# 론

# RHONE

론은 프랑스 남동부에 있는 유서 깊은 와인 생산지이다. 14세기에 로마교황청이 론 남부의 아비뇽으로 옮겨오면서 와인 양조가 성행하게 되었다. 1309년에 클레망 5세가 아비뇽에 거처를 정한 뒤 많은 와인 관계자가 교황에게 바치는 와인을 만들기 위해 이 지방으로 이주한 것이다.

특히 아비뇽 근교에 있는 샤토뇌프 뒤 파프는 교황에게 바치는 와인의 생산지로 번성했고, 지금도 세계적으로 유명한 고급와인 생산지이다. 또한 최근에는 론 북부에 있는 에르미타주도 주목받고 있다.

론 와인은 「파워풀하다」, 「남성적이다」라는 이미지가 있는데, 숙성하면서 여성적이고 우아한 부드러움이 나타나 전 세계의 론 와인 마니아가 그 독특한 변화에 매료되어 있다.

코트 로티 라 물린 이기갈

# CÔTE RÔTIE LA MOULINE E.GUIGAL

참고가격

약 44 만 원

주요사용품종

시라, 비오니에

GOOD VINTAGE

1976, 78, 82, 83, 85, 88, 89, 90, 91, 95, 97, 99, 2000, 03, 05, 07, 09, 10, 11, 12

라 물린, 라 랑돈, 라 튀르크는「La La's(라라즈)」라고 불리는 이기갈의 특별한 와인이다.

코트 로티 라 랑돈 이기갈

# CÔTE RÔTIE LA LANDONNE E.GUIGAL

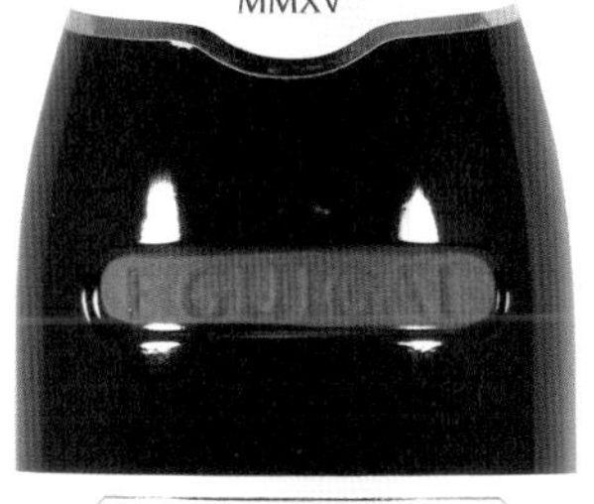

참고가격

약 46 만 원

주요사용품종

시라

GOOD VINTAGE

1978, 83, 85, 87, 88, 89, 90, 91, 94, 95, 97, 98, 99, 2002, 05, 06, 07, 09, 10, 11, 12

코트 로티 라 튀르크 이기갈

# CÔTE RÔTIE LA TURQUE E.GUIGAL

참고가격

약 44 만 원

주요사용품종

시라, 비오니에

GOOD VINTAGE

1985, 87, 88, 89, 90, 91, 94, 95, 97, 98, 99, 2001, 03, 05, 07, 09, 10, 11, 12

## 전 세계 와인 마니아가 탐내는 「LALALA 트리오」

모든 사람이 론의 뛰어난 생산자로 인정하는 「E.GUIGAL(이기갈)」. 보통 **「La La's(라라즈)」**라고 불리는 「라 물린」, 「라 랑돈」, 「라 튀르크」는 그런 이기갈의 특별한 와인이다.

그 가운데 하나인 라 물린은 생산량이 불과 400케이스(4,800병)로 시리즈 중에서도 생산량이 가장 적고 희소가치가 높은 와인이다. 현재도 가격이 급등하고 있는데 **「가격에 걸맞는 흔치 않은 와인」** 중 하나로 꼽힌 적도 있다. 아로마가 향기롭고 3가지 와인 중 가장 이국적이고 에로틱한 와인으로 표현되며, 누구나 포로가 되어 버린다는 평가를 받는다.

라 랑돈은 100% 시라 품종으로 만든 와인으로 담배와 트러플, 향신료 향 등이 느껴지는 깊은 풍미를 자아내는데, 시리즈 중 가장 보존 기간이 길다.

어느 평론가든 랑돈이 자아내는 아로마를 높이 평가하며, 작황이 좋은 해의 와인은 **「40년은 이 향에 도취될 수 있다」**라는 평가를 받기도 한다. 파커 포인트에서도 10개의 빈티지가 100점을 획득했으며, 《디캔터》나 《와인 스펙테이터》 등의 잡지에서도 높은 평가를 받았다.

랑돈이라고 하면 예전에 일본의 한 회원제 클럽 레스토랑에서 귀한 빈티지가 시장 가격의 1/3 이하로 팔리고 있는 것을 발견했던 일이 생각난다. 당시의 가격 동향을 소믈리에에게 전했더니 「그렇게까지 가격이 올랐는지 몰랐다」며 놀라워했다.

라 튀르크는 1985년에 처음 출하되어 **데뷔 빈티지로 파커 포인트에서 무려 100점을 획득**했다. 85년산은 불과 200케이스(2,400병)만 생산되었는데「데뷔 빈티지」,「파커 포인트 100점」,「소량 생산」등의 이유로 그 가격이 더욱 올라갔다. 그 뒤에도 라 튀르크는 모두 고득점을 받았다.

라 튀르크는 La La's 중에서도 가장 어린 나무의 포도로 양조되기 때문에, 철분이 풍부해서 다소 무게감이 느껴질 때도 있다. 그래서 어느 빈티지든 최소 10년을 숙성시키며, 오픈한 뒤에도 3~4시간 디캔팅할 것을 추천한다.

에르미타주 라 샤펠 폴 자불레 에네

# HERMITAGE LA CHAPELLE PAUL JABOULET AÎNÉ

참고가격

약 23 만 원

주요사용품종

시라

GOOD VINTAGE

1961, 78, 89, 90, 2003, 09, 10, 12, 15, 16, 17

폴 자불레 에네는 론 북부 일대에 약 114㏊에 이르는 광대한 부지를 소유하고 있으며, 생산자일 뿐 아니라 거대 네고시앙으로서도 사업을 확대한 론의 거대 와인회사이다.

## 1케이스에 1억 원 이상!
## 로마네 콩티의 가격을 웃도는 와인

폴 자불레 에네가 만드는 와인 중에서도 특히 「에르미타주 라 샤펠」은 **세계에서 가장 뛰어난 와인 중 하나**로 꼽히는 명품이다. 「라 샤펠」이라는 이름은 13세기에 기사의 은신처로 세워진 작은 석조 예배당에서 유래되었다고 한다.

에르미타주 라 샤펠이 최고의 와인으로 인정받은 것은 2007년 런던에서 열린 경매에서였다. 경매에 나온 **1961년산 1케이스가 무려 12만3750파운드에 낙찰**된 것이다.

이는 당시 로마네 콩티 중 가장 비싼 낙찰가를 자랑하던 1978년산의 9만 3500파운드를 웃도는 금액으로 큰 화제가 되었다.

그 뒤로 에르미타주 라 샤펠은 보르도나 부르고뉴 와인과 함께 **최고급 와인 포트폴리오 리스트에 오르게 되었다.** 로버트 파커도 「61년산은 지금까지 내가 마신 레드와인 중에서 최고의 레드와인 중 하나다」라고 극찬을 아끼지 않았으며, 61년산뿐 아니라 78년, 90년에도 100점을 주었다. 나도 78년산을 마셔봤는데 틀림없는 최고의 레드와인 중 하나라고 느꼈다.

하지만 90년에 고득점을 획득한 뒤 생산에 관여하던 제라르 자불레(Gerard Jaboulet)가 세상을 뜨면서 한동안 침체기가 이어졌다. 그 뒤로 10년 이상의 시간이 걸렸지만 2003년에 파커 포인트 96점, 2009년에 98점을 획득해 예전의 명성을 되찾고 있다.

샤토 드 보카스텔 오마주 아 자크 페렝

# CHÂTEAU DE BEAUCASTEL HOMMAGE A JACQUES PERRIN

참고가격

약 46 만 원

주요사용품종

무르베드르(Mourvédre), 시라, 그르나슈(Grenache), 쿠누아즈(Counoise)

GOOD VINTAGE

1989, 90, 95, 99, 2000, 01, 05, 09, 10, 11, 12, 13, 14, 15, 16, 17

라벨에 그려진 문장은 샤토의 출발점이 된 대저택의 벽에 장식되어 있던 것이다.

## 13종류나 되는 포도를 적절히 골라서 쓰는, 샤토뇌프 뒤 파프의 1인자

론 지방에는 「샤토뇌프 뒤 파프」라는 와인산지가 있다. 「교황의 새로운 성」이라는 뜻의 이 지역은 교황에게 와인을 바치는 마을로 발전했다.

샤토 드 보카스텔은 샤토뇌프 뒤 파프에서도 최고의 실력을 자랑한다. 보카스텔은 샤토뇌프 뒤 파프에 130*ha*에 이르는 광대한 밭을 소유한 론의 오래된 샤토로, **론 지방에서 처음으로 유기농 재배를 시작한 이래 줄곧 유기농 재배를 고집하고 있다.**

샤토뇌프 뒤 파프에서는 13종류나 되는 포도의 사용이 인정되는데, 당연히 모든 포도를 재배하고 사용하기는 어려우며 위험 부담이 크다. 하지만 보카스텔은 **13종류의 포도를 모두 재배하고 와인에 따라 적절한 종류를 골라 블렌딩해서 그윽한 풍미를 빚어낸다.**

특히 보카스텔의 고급 브랜드 「오마주 아 자크 페렝」은 수령이 오래된 무르베드르 품종을 주로 사용해 응축감이 있으면서 투명함도 표현되는 뛰어난 풍미를 자랑한다. 어느 빈티지든 안정된 품질을 유지하고 항상 파커 포인트 고득점을 받는 명품으로, 특히 89년과 90년산은 쉽게 접할 수 없는 최고의 완성도로 아낌없는 극찬을 받았다.

또한 최근 보카스텔은 과거 부부였던 브래드 피트, 안젤리나 졸리가 프로듀싱한 프로방스 지방의 로제와인 「샤토 미라발(Château Miraval)」의 양조에도 관여했다. 미라발은 어느 평론가나 그 품질을 극찬했으며, 처음 발매한 6,000병이 불과 몇 시간 만에 매진되었다.

샤토 라야스

# CHATEAU RAYAS

참고가격

약 120만 원

주요사용품종

그르나슈

GOOD VINTAGE

1989, 90, 95, 2003, 05, 09, 10, 12

OTHER WINE

샤토 라야스 샤토뇌프 뒤 파프 블랑

## CHATEAU RAYAS CHATEAUNEUF DU PAPE BLANC

약 53만 원

샤토 라야스에서는 론 최고의 화이트와인도 생산한다. 라야스의 화이트와인은 5~15년 정도 장기숙성이 필요하며 「론의 몽라셰」라고도 불리는, 숨어 있는 투자 대상이기도 하다.

## 론 지방에서 4대째 이어지는 신비로운 샤토

샤토 라야스는 1980년대 후반까지 전기가 들어오지 않았던 특이한 샤토이다. 와인 양조 방법도 다른 샤토와 달라서, 라야스가 만드는 샤토뇌프 뒤 파프는 **13종류의 품종이 인정된 이 지역에서 「그르나슈 품종」만으로 양조**된다. 그런 점에서 와인 관계자들로부터 종종 「신비롭다」는 말을 듣는 샤토이다.

한편으로는 로버트 파커가 좋아하는 와인이기도 하며, 인기와 실력을 겸비하고 있다. 특히 1990년산에 대해서는 파커가 「나의 개인적인 컬렉션 가운데 가장 뛰어난 와인」이라고 했으며, 40~50달러이던 발매 가격이 현재는 약 1,600달러까지 뛰었다.

라야스라고 하면 1920년에 샤토의 경영을 물려받은 2대 오너인 루이 레노(Louis Reynaud)가 유명하다. 지금도 「엉뚱한 사람」으로 이야기되는 루이는 1등급이 아닌 밭에서 만든 와인에 「1등급밭」이라고 기재해서 문제아 취급을 받기도 했으나, 샤토뇌프 뒤 파프의 주요 인물인 로이 남작의 마음에 들어 론의 대표적인 생산자로 선정된 적도 있다.

루이의 유지를 이어받은 아들 자크 레노(Jacques Reynaud)도 **「샤토뇌프 뒤 파프의 대부」**로 불리며, 보르도와 부르고뉴에 뒤처져 있던 론 와인의 인지도를 높여 론의 공헌자가 되었다.

그리고 1997년 자크가 사망한 뒤에도 4대 오너인 에마뉘엘에 의해 전통적인 스타일을 지키며, 전 세계적으로 높은 평가를 받는 와인을 계속 만들고 있다.

## 위조 와인의 판별법

1600년대에 고급 클라레(Claret, 보르도산 레드와인)로 영국에서 인기를 얻은 「오 브리옹」(→ p.68)의 위조 와인이 나돌았다. 이는 가장 오래된 위조 와인 사건으로 기록되어 있는데, 다른 보르도 타입과 전혀 다른 오 브리옹의 와인병은 이런 위조를 막기 위해 만들어졌다고 한다.

요즘도 위조 와인은 와인 관계자들의 골칫거리이다. 예전에는 와인 이름의 스펠링을 틀리는 등 구별하기 쉬운 것이 많았으나, 요즘 유통되는 위조 와인은 너무나 교묘해서 **진짜와 가짜를 나란히 놓고 봐야 겨우 식별할 수 있을 정도**이다. 나도 위조범 루디(→ p.48)가 만든 위조 와인을 몇 병이나 직접 본 적이 있는데, 일반인이 그 진위를 판별하기는 어렵겠다고 생각했다.

위조 와인으로 의심되는 경우, 우리가 먼저 조사하는 것은 **라벨의 종이질, 폰트와 디자인, 인쇄방법**이다. 고급와인 생산자들은 이런 라벨 정보를 철저히 대외비로 하고 있다.

종이질을 예로 들면 고가 와인인 페트뤼스는 특별한 종이를 사용하며, 얼핏 보기엔 심플한 로마네 콩티의 라벨 종이도 상당히 특수한 것으로 감촉이나 광택이 특별하다. 오래된 로마네 콩티의 위조 와인은 그 세월을 표현하기 위해 사포 등으로 라벨을 갈아낸 흔적이 보일 때도 있는데, 이 역시 감촉의 차이에 의해 위조라는 것을 바로 판별할 수 있다.

폰트와 디자인도 주목해야 할 부분이다. 빈티지마다 미묘하게 디자인을 바꾸거나 일반적인 기술로는 인쇄할 수 없는 방식을 사용하기도 한다. 페트뤼스는 성 베드로의 얼굴, 라투르는 탑과 사자의 얼굴, 슈발 블랑은 골드 잉크 등 각각의 와인에 체크 포인트가 있다. 진품 라벨을 복사한 경우에는 종이질이 다를 뿐 아니라, 복사할 때 나타나는 잉크가 라벨에서 번지는 현상을 볼 수 있다.

인쇄 방식에도 여러 가지 아이디어가 사용되는데, 가장 알아보기 쉬운 것은 로마네 콩티다. 아래와 같이 일반적인 인쇄로는 어려운, 글자에 테두리를 두른 정교한 인쇄 기술이 사용된다.

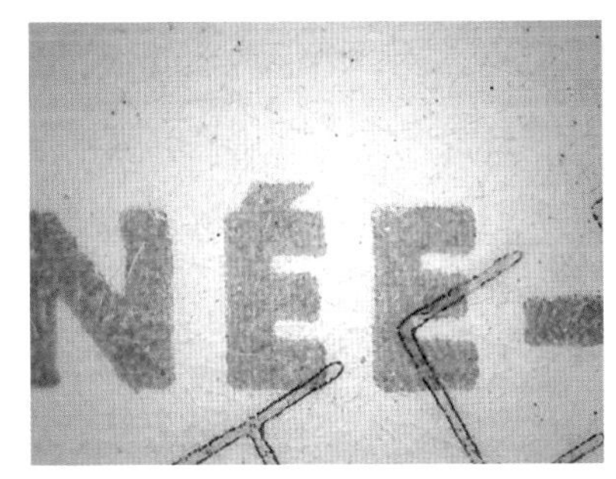

왼쪽이 위조품. 오른쪽의 진품은 글자에 테두리가 둘러져 있다.

위조 와인은 우리가 상상하는 것 이상으로 가까이 존재한다. 현재도 회수되지 않은 루디의 와인이 다수 나돌고 있으며, 그 일부가 일본에 들어와 있다는 정보도 있다.

이런 가짜 와인을 구입하지 않으려면 되도록 나무 상자에 들어 있는 것을 사고, 내력을 조사해 진품인지 아닌지 가려내야 한다. 또한 옥션 회사나 신뢰할 수 있는 판매점에서 구입할 것을 권한다.

이탈리아

# ITALY

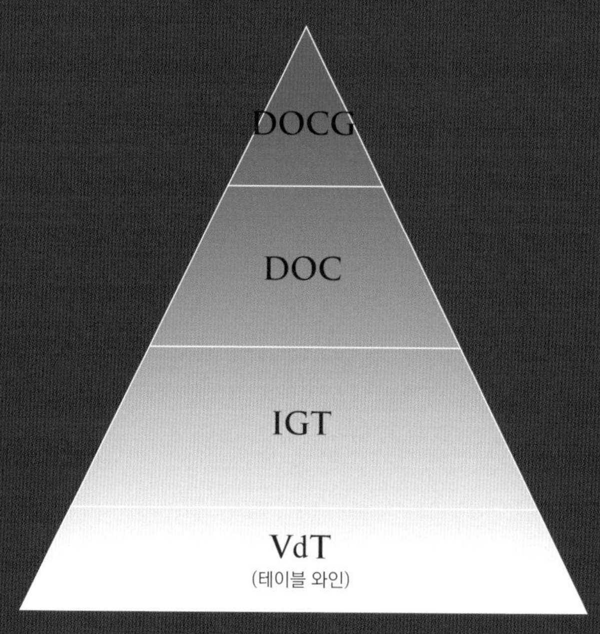


※ 2009년부터 시행한 와인법에 의해, DOCG와 DOC를 합쳐서 「DOP」라고 표기하는 경우도 있다.

와인 생산량에서 프랑스를 제치고 세계 1위를 차지하고 수출량에서도 세계 2위인 이탈리아는(2017년 기준), 토착 품종이 2,000종 이상이고 20개 주에서 모두 와인을 양조하는 프랑스와 어깨를 나란히 하는 와인 대국이다.
이탈리아에서는 산지에 등급이 매겨져 있는데, 「DOCG」가 가장 높은 등급으로 왼쪽과 같은 피라미드가 형성되어 있다.
그리고 이탈리아에서도 특히 DOCG 등급의 토지가 많으며 고급와인 산지로 알려진 곳이 「피에몬테주」와 「토스카나주」이다. 이 2개 주에서 반드시 알아야 할 와인을 몇 가지 소개한다.

다르마지 가야

# DARMAGI
## GAJA

참고가격

약 26만 원

주요사용품종

카베르네 소비뇽, 메를로, 카베르네 프랑

GOOD VINTAGE

2001, 08, 11, 12, 15

3대 오너인 지오바니 가야(Giovani Gaja)는 1937년에 「우리는 가야를 파니까」라고, 생산자 이름인 「GAJA」라는 글자를 빨간 글씨로 크게 넣어서 눈에 잘 띄게 만든 디자인으로 라벨을 변경했다. 이 마케팅 전략이 크게 성공해 가야는 단번에 유명해졌다. 현재는 빨간 글씨가 아니라 흑백의 심플한 디자인으로 통일되었다.

## 가족들마저 한탄하고 기막혀 한, 이탈리아 와인의 제왕이 만드는 참신한 와인들



이탈리아 제일의 와인 생산지 피에몬테주에서도 특히 유명한 생산지가 랑게 지역의 **바르바레스코(Barbaresco) 마을**과 **바롤로(Barolo) 마을**이다.

두 마을 모두 이탈리아의 등급 중 최고인 DOCG로 인정된 땅이며, 많은 생산자가 이곳에서 「바르바레스코」와 「바롤로」의 이름을 건 와인을 만들고 있다.

특히 피에몬테주에서 5대째 이어져 오는 오래된 생산자 「GAJA(가야)」는 바르바레스코의 이름을 세계에 알린, 누구나 인정하는 이탈리아 와인의 중심이며 「이탈리아 와인의 제왕」이라는 별명을 가진 위대한 생산자이다.

가야의 대표 와인 「바르바레스코(→ p.173)」는 **가야 패밀리가 대대로 손에 넣은 14개의 밭에서 엄선한 포도로 만드는, 가야가 특히 소중히 여기는 와인**이기도 하다. 가야는 포브스가 발표한 바르바레스코를 대표하는 생산자 중 최고로 선정되기도 했다.

한편 가야는 이탈리아의 전통에 얽매이지 않는 자유로운 전략으로 참신한 와인을 만드는 것으로도 유명하다. 특히 **4대 오너인 안젤로 가야(Angelo Gaja)**는 당시 이탈리아에서 금기였던 프랑스 품종을 사용하거나, 특이한 이름의 와인을 만드는 등 상식에서 벗어난 혁신적인 생산자로 알려져 있다.

예를 들어 안젤로가 바르바레스코의 가장 좋은 밭에 심어놓은 이탈리아 전통 품종 네비올로(Nebbiolo)를 뽑아내고, 프랑스 품종 카베르네 소비뇽으로 바꿔 심은 이야기는 유명하다.

이를 안 그의 아버지는「다르마지(안타깝기 그지없다)」라고 한탄했는데, 이런 **아버지의 탄식을 이름으로 내건, 카베르네 소비뇽을 주로 사용한 와인「DARMAGI(다르마지)」**가 탄생했다. 다르마지는 지금은 손에 넣기 어려운 와인 중 하나로 꼽히는 명품이다.

안젤로는 1960년대에 세계 최초로 바르바레스코의 단일 포도밭(싱글 빈야드) 와인도 출하했다. 바르바레스코의 밭 중에서도 특히 개성 강한 3개의 밭 **「코스타 루시」, 「소리 틸딘」, 「소리 산 로렌초」**에서 재배한 포도로 단일 포도밭 와인을 만들어 출하했고, 바롤로에서도 단일 포도밭 와인 **「스페르스」와「콘테이사」**를 출하했다.

게다가 바르바레스코는 레드와인으로 유명한데, 1979년에는 그곳의 가장 좋은 땅에 샤르도네 품종을 심어 **화이트와인「가야 앤 레이」**도 생산하기 시작했다. 그 기발한 아이디어에 가족들도 기막혀 했다는데, 지금은 경매시장에도 등장하는 고급 화이트와인이 되었다.

최근에는 본거지인 피에몬테주뿐 아니라 토스카나주에도 진출했다. 1994년에는 토스카나주의 몬탈치노에 밭을 구입하고 브루넬로 디 몬탈치노(→ p.186 참조)를 생산하고 있다.

또한 슈퍼 토스카나(→ p.177 참조)의 성지 볼게리(Bolgheri) 마을에서도 **「카마르칸다」**라는 독특한 이름의 와인을 생산하고 있다. 이 지역을 방문한 안젤로는 한눈에 토양이 마음에 들어 소유자에게 땅을 매각하라고 제안했다. 하지만 이야기가 좀처럼 풀리지 않았고, 18번이나 교섭한 끝에 마침내 토지를 손에 넣었다고 한다.

이 길고 긴 교섭에서 영감을 얻은 안젤로는 이곳에서 만드는 와인에 **「카마르칸다(=끝나지 않는 교섭)」**라는 이름을 붙였다. 카마르칸다는 2000년에 데뷔했다.

## 가야가 출시한 여러 와인들

바르바레스코
**BARBARESCO**
약 26만 원
가야의 대표 와인.

코스타 루시
**COSTA RUSSI**
소리 틸딘
**SORI TILDIN**
소리 산 로렌초
**SORI SAN LORENZO**
각 약 50만 원
바르바레스코에서 생산되는
단일 포도밭 와인 시리즈.

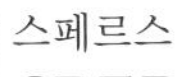

스페르스
**SPERSS**
콘테이사
**CONTEISA**
각 약 29만 원
바롤로에서 생산되는
단일 포도밭 와인 시리즈.

카마르칸다
**CA'MARCANDA**
약 17만 원
슈퍼 토스카나의 성지 볼게리에서
생산되는 레드와인.

가야 앤 레이
**GAIA & REY**
약 28만 원
바르바레스코에서 생산되는 샤르도네 화이트와인.

바롤로 팔레토 브루노 지아코사

# BAROLO FALLETTO
## BRUNO GIACOSA

참고가격

약 26만 원

주요사용품종

네비올로

GOOD VINTAGE

1989, 90, 96, 97, 98, 99, 2000, 01, 04, 05, 07, 08, 11, 12, 14

지아코사의 와인 라벨에는 흰색과 붉은색이 있는데, 보통 「레드 라벨」이라고 불리는 붉은색 라벨의 와인들은 「리제르바(Riserva)」에 해당한다. 리제르바란 일반 와인보다 오래 숙성시킨 와인으로, 바롤로의 경우에는 최소 5년의 오크통 숙성이 의무화되어 있다.

## 이탈리아 와인계의 거성이 남긴 공적

**브루노 지아코사**는 피에몬테주 랑게 지역의 전설적인 생산자이다. 2018년 1월에 88세로 세상을 떠났는데, 인스타그램이나 트위터에 고인을 그리워하며 그의 공적을 칭송하는 글이 많이 올라왔다.

브루노는 15세 무렵부터 아버지와 할아버지에게 와인 양조를 배웠으며, 점차 현지의 토착 품종인 네비올로에 매료되었다. 적은 수확량으로 테루아의 특징을 살린, 전통적이라고도 할 수 있는 브루노 방식의 와인 철학은 이때부터 확립되었다. 1960년대에는 믿을 수 있는 업자로부터 포도를 대량으로 사들여 자신의 이름으로 와인을 출하했다.

브루노가 바롤로에 포도밭을 구입한 것은 80년대였다. 《와인 스펙테이터》가 「**This is Romanée Conti of Barolo(바롤로의 로마네 콩티)**」라고 표현했듯이, 브루노가 만드는 바롤로는 수많은 바롤로 중에서도 높은 평가를 받았다.

90년대에는 바르바레스코에도 밭을 구입했는데, 이 역시 **가야와 나란히 바르바레스코의 양대 거두**로 칭송되는 명품이다.

브루노는 **아르네이스(Arneis) 품종의 부활을 이끈 생산자**로도 유명하다. 아르네이스는 피에몬테주의 토착 화이트와인 품종으로, 예전에는 네비올로 품종의 타닌을 부드럽게 만들기 위한 블렌딩용으로 자주 사용되었다. 그런데 많은 생산자가 100% 네비올로 품종으로 만든 와인을 생산하자 아르네이스 품종의 수요가 급격히 감소했는데, 브루노는 그렇게 한물 간 아르네이스 품종만으로 화이트와인을 만들어, 사라질 위기에 처한 아르네이스 품종을 살려냈다. 현재 아르네이스 품종은 아몬드와 헤이즐넛 아로마가 특징인 화이트와인으로 인기가 많다.

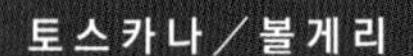


사시카이아

# SASSICAIA

참고가격

약 **33** 만 원

주요사용품종

카베르네 소비뇽,
카베르네 프랑

GOOD VINTAGE

1985, 2006, 07, 08,
09, 13, 15, 16

사시카이아를 생산하는 볼게리 마을은 「슈퍼 토스카나의 성지」로 유명해졌다.

## 「테이블 와인」이지만 이탈리아 최초의 위업을 달성

이탈리아의 **「슈퍼 토스카나」**는 1990년대부터 전 세계에 새로운 바람을 일으킨 와인이다. 슈퍼 토스카나란 이탈리아의 와인법이 정한 품종과 양조 방법에 얽매이지 않고, 토스카나주에서 만드는 와인을 뜻한다. 이런 전위적인 사고, 그리고 캘리포니아의 고급와인을 방불케 하는 풍미 때문에 현재는 경매에서 쟁탈전이 벌어지는 이탈리아 고급와인의 대명사가 되었다.

그런 슈퍼 토스카나의 선구자가 「사시카이아」이다. 1940년대 프랑스에서 가져온 보르도 품종인 카베르네 소비뇽의 묘목을 토스카나의 밭에 심으면서 와인 양조가 시작되었다.

당시 이탈리아에서는 프랑스 품종의 사용이 금지되어 있어서 사시카이아는 **최하위 등급인 「테이블 와인」에 속하게 되었다.**

하지만 그 등급에 관계없이 **1985년산이 이탈리아 와인 중 처음으로 파커 포인트 100점 만점을 획득했다.** 테이블 와인 등급이면서도 최고의 평가를 받아 슈퍼 토스카나의 상징이 된 것이다. 2018년에는 《와인 스펙테이터》가 해마다 블라인드 테이스팅으로 심사하는 「Top 100 와인」에서도 1위에 선정되었다.

프랑스 품종을 사용한 사시카이아는 보르도의 그랑 뱅(Grand Vin, 일류와인)이 표현하지 못하는, **고급스러우면서도 캐주얼함을 겸비한 이탈리아다운 풍미**를 이끌어내는 데 성공했다. 때로는 무거움이 느껴지는 카베르네 소비뇽 품종이 이탈리아인의 손에서 산뜻하고 자연스러운 풍미로 변모했다.

토스카나／볼게리

오르넬라이아

# ORNELLAIA

참고가격

약 27만 원

주요사용품종

카베르네 소비뇽, 메를로,
카베르네 프랑, 프티 베르도

GOOD VINTAGE

1997, 99, 2001, 06,
08, 09, 10

## 유명 와인 전문지에서 세계 1위를 차지! 예술에도 조예가 깊은 세련된 와이너리

「오르넬라이아」도 현지 포도 품종이 아닌 프랑스 품종으로 만든 새로운 스타일의 이탈리아 와인으로, 사시카이아와 함께 슈퍼 토스카나의 상징이 되었다. 2001년에는 **《와인 스펙테이터》의 「Top 100 와인」에서 1위를 차지**해, 슈퍼 토스카나의 상징으로 그 지위를 확고히 했다.

오르넬라이아는 무통 로쉴드가 매년 다른 아티스트에게 라벨의 디자인을 맡기듯이, 양조가가 표현한 와인의 풍미를 아티스트가 그림으로 그린 한정 라벨(아래 사진)을 2009년부터 판매하고 있다. 또한 도멘의 부지 안에도 미술관이 개설되어 있어 아트와 와인의 콜라보 작품을 전시하고 있다.

2013년에는 소비뇽 블랑과 비오니에 품종을 블렌딩한 화이트와인 **「오르넬라이아 비앙코(Ornellaia Bianco)」**의 생산도 시작했다. 4,000병 한정의 이 와인은 소량 생산이어서 발매 즉시 매진되었다.

「마세토」(→ p.180)의 양조가 하인츠(Heinz)는 볼게리 마을에서 새로운 화이트와인이 탄생한 것을 두고, 「볼게리는 세계에서 가장 양질의 화이트와인을 생산하는 밭에 필적할 가능성이 있다」고 말했다. 실제로 2013년산 오르넬라이아 비앙코는 평론가들에게도 극찬을 받아 고득점을 획득했다.

오르넬라이아의 한정 와인병.

마세토

# MASSETO

참고가격

약 98만 원

주요사용품종

메를로

GOOD VINTAGE

1999, 2001, 04, 06, 07, 08, 10, 11, 12

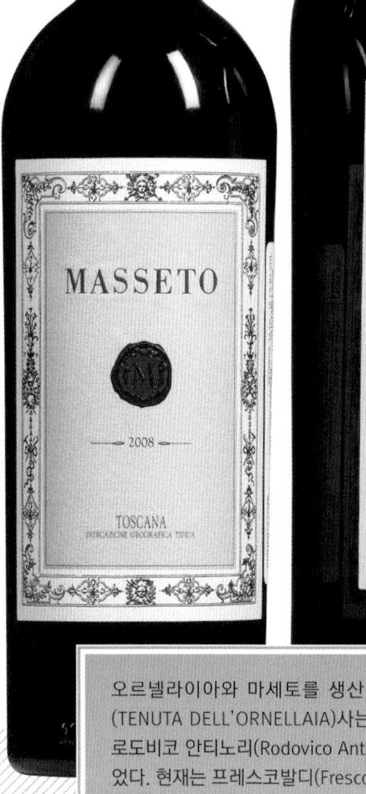

오르넬라이아와 마세토를 생산하는 테누타 델 오르넬라이아(TENUTA DELL'ORNELLAIA)사는 안티노리 가문 오너의 동생인 로도비코 안티노리(Rodovico Antinori)에 의해 1981년에 설립되었다. 현재는 프레스코발디(Frescobaldi)사에 소속되어 있다.

## 이탈리아에서 전례가 없는 100% 메를로 품종으로 대히트!

「오르넬라이아」를 만들어낸 테누타 델 오르넬라이아사가 만드는 또 하나의 슈퍼 토스카나가 「마세토」이다. **이탈리아에서 가장 비싼 와인 중 하나**이며 파커 포인트 고득점을 연발하는, 토스카나 와인의 상징과 같은 존재다. 특히 파커 포인트 100점 만점을 획득한 2006년산은 엄청난 인기여서 경매에서도 손에 넣기 힘든 아이템이 되었다.

마세토가 많은 인기를 모은 이유는 사시카이아나 오르넬라이아 등과 같이 다른 슈퍼 토스카나가 카베르네 소비뇽 품종으로 성공했음에도, **굳이 100% 메를로 품종으로 와인 양조에 도전**한 데 있다.

섬세하며 더위에 약한 메를로 품종을 실험적으로 이 지역에 이식했는데, 상상 이상의 와인이 완성되었다. 처음에는 겨우 600병만 만들었으나, 이듬해인 1987년에는 본격적인 데뷔를 목표로 30,000병을 생산하였다.

그 뒤로 출하될 때마다 높은 평가를 받은 마세토는 전 세계에서 인기를 끌며, **「슈퍼 토스카나」라는 장르를 부동의 존재로 만든 주인공**이 되었다.

고득점과 함께 세련된 스타일로 화려하게 등장한 마세토에 미국의 와인 애호가들도 매료되었다. 메를로 품종을 사용한 와인으로는 프랑스의 「르 팽」과 「페트뤼스」가 유명하지만, 미국의 메를로 와인 수집가들도 파워풀하고 리치하며 섬세한 마세토의 풍미에 마음을 빼앗기고 말았다.

티냐넬로

# TIGNANELLO

참고가격

약 16만 원

주요사용품종

산지오베제, 카베르네 프랑, 카베르네 소비뇽

GOOD VINTAGE

1990, 97, 2001, 04, 07, 08, 09, 10, 13, 15, 16

## 영국 왕실의 메건 왕자비가 사랑에 빠진 와인

1970년대 모던 와인의 선구자로 등장한 것이 「티냐넬로」이다. 현지 품종인 산지오베제를 주로 사용하면서 당시 이탈리아에서는 금기였던 **프랑스 품종인 카베르네 소비뇽과 카베르네 프랑을 블렌딩**해, 산지오베제의 매력을 한층 더 이끌어내는 데 성공했다. 오랜 전통에 얽매이지 않은 티냐넬로의 와인 양조가, 슈퍼 토스카나 탄생의 길을 열었다고도 할 수 있다.

최근에는 2018년에 영국 왕실의 해리 왕자와 결혼한 **메건 마클(결혼 전의 성)이 가장 좋아하는 와인**으로도 화제가 되었다.

메건의 공식 블로그 이름이 「The Tig」였는데, 이는 Tignanello(티냐넬로)의 머리글자 「Tig」에서 붙여진 이름이라고 한다. 블로그는 이미 폐쇄됐지만 실제로 티냐넬로에 대한 감상이 자주 올라왔었다.

티냐넬로는 토스카나의 와이너리 **「안티노리(Antinori)」**의 대표작인데, 이탈리아 와인을 말할 때 안티노리의 존재를 빼놓을 수 없다.

1385년에 와인 비즈니스를 시작한 안티노리는 이탈리아뿐 아니라 **세계에서 가장 오래된 와이너리**이기도 하다. 안티노리 일가는 600년 이상 줄곧 와인 사업에 관여했으며(현재 26대째), 토스카나를 거점으로 이탈리아 각지를 비롯하여 미국과 칠레에도 진출해 폭넓게 활동하고 있다.

2012년에는 7년의 세월을 들여 총공사비가 1000억 원이 넘는 새로운 와이너리를 완성했다. 피렌체의 젊은 건축가를 기용해 심혈을 기울인 모던한 디자인은 압권이라는 말밖에 나오지 않는다.

솔라이아

# SOLAIA

참고가격

약 37만 원

주요사용품종

카베르네 소비뇽,
산지오베제, 카베르네 프랑

GOOD VINTAGE

1985, 97, 2001, 04, 07,
09, 10, 12, 13, 14, 15

데뷔 당시부터 해마다 포도의 블렌딩 비율을 변경해서, 20여 년에 걸쳐 마침내 현재의 블렌딩 비율과 맛 스타일이 확립되었다.

## 「과잉 생산으로 버리기 아까워서」 탄생했는데, 세계 제일이 된 와인

토스카나의 명가 안티노리가 티냐넬로에 이어서 발표한 것이 「솔라이아」이다.

티냐넬로는 산지오베제 품종을 주로 사용하고 카베르네 소비뇽, 카베르네 프랑을 블렌딩하지만, 반대로 솔라이아는 카베르네 소비뇽을 주로 사용해서 양조한다.

사실 솔라이아는 티냐넬로용으로 카베르네 소비뇽을 과잉생산하는 바람에 **버리기에 아까워서** 만들어진 와인이다.

하지만 당시의 이탈리아에서 프랑스계 품종을 주로 사용한 와인이 받아들여질 리 없었다. 티냐넬로와 마찬가지로 솔라이아도 이탈리아의 와인 관계자들로부터 「이단의 존재」라는 차가운 시선을 받았다.

그러나 다른 슈퍼 토스카나처럼 전 세계적으로 주목을 끌어 현재는 높은 평가를 받고 있다.

2000년에는 **이탈리아 와인 중 처음으로 《와인 스펙테이터》에서 1위를 차지했다.** 게다가 토스카나 전체가 전설적인 풍작이었던 2015년산으로 《와인 애드버킷》에서 100점을 획득했으며, 로버트 파커에게도 아낌없는 극찬을 받는 등 높이 평가되고 있다.

지금은 티냐넬로와 나란히 안티노리의 대표작으로, 전 세계 와인 수집가들로부터 주목받는 존재이다.

브루넬로 디 몬탈치노 리제르바 비온디 산티

# BRUNELLO DI MONTALCINO RISERVA
## BIONDI-SANTI

참고가격

약 66만 원

주요사용품종

브루넬로(산지오베제 그로소)

GOOD VINTAGE

1955, 97, 2001, 04, 05, 06, 10

RISERVA(리제르바)란 「특별」하다는 뜻이 있으며, RISERVA를 붙이려면 포도나무의 수령과 숙성기간 등 법률에서 정한 기준을 충족해야 한다.

## 우연히 탄생한 신품종 포도, 엘리자베스 여왕에게 인정받고 인기 폭발

「브루넬로 디 몬탈치노」는 **토스카나주 몬탈치노 마을에서 재배된 브루넬로 품종을 사용한 와인**으로, 슈퍼 토스카나와 인기를 양분하는 이탈리아의 고급 레드와인이다.

1800년대 후반, 토스카나의 와인 명가인 비온디 산티 가문은 몬탈치노 마을에서 당시 주류였던 산지오베제 품종의 유전자로 **새로운 품종인 산지오베제 그로소(브루넬로 품종)**를 탄생시켰다.

농후하며 리치한 풍미로 완성된 브루넬로 품종은 그때까지 산지오베제 품종을 사용한 가벼운 느낌의 레드와인과 저렴한 화이트와인이 주류였던 몬탈치노 마을에서도 인기가 많았지만, 장기숙성을 해야 하기 때문에 **바로 출하해서 자금을 회수하길 원하는 생산자들은 쉽게 받아들이지 않았고,** 결국 몬탈치노 마을에서 브루넬로 품종을 재배·양조하는 생산자는 얼마 되지 않았다.

하지만 1969년 당시 이탈리아의 총리였던 주세페 사라가트(Giuseppe Saragat)가 영국을 방문했을 때, 엘리자베스 2세 여왕과의 식사에 1955년산 브루넬로 디 몬탈치노 리제르바 비온디 산티를 가져가면서 상황이 뒤바뀌었다. 엘리자베스 여왕은 이 와인을 무척 마음에 들어 했고, 신문도 이를 크게 다루어 브루넬로 디 몬탈치노는 **「이탈리아 와인의 여왕」**이라 불리며 국제적인 주목을 받게 되었다.

그 뒤로 몬탈치노의 양조가들이 적극적으로 브루넬로 품종을 재배하면서 와인 생산량이 3배로 늘었고, 이탈리아를 대표하는 레드와인이 되었다. 현재는 새로운 양조가들이 실력을 쌓아 모두 높은 평가를 받고 있다.

브루넬로 디 몬탈치노 테누타 누오바 카사노바 디 네리

# BRUNELLO DI MONTALCINO TENUTA NUOVA

## CASANOVA DI NERI

참고가격

약 13만 원

주요사용품종

브루넬로(산지오베제 그로소)

GOOD VINTAGE

1993, 97, 98, 2006, 10, 11, 12, 13

OTHER WINE

체레탈토 카사노바 디 네리

### CERRETALTO
CASANOVA DI NERI

약 36만 원

블랙 라벨이라고 부른다. 단일 포도밭(싱글 빈야드)에서 만드는 브루넬로 디 몬탈치노.

## 가족경영 와이너리가 만들어낸 2개의 세계적 와인

캐주얼 와인=「키안티」, 고급와인=「슈퍼 토스카나」로 각인되어 있던 토스카나 와인계에서, 브루넬로 디 몬탈치노를 새로운 고급와인으로 확실하게 자리매김할 수 있게 만든 주인공이 카사노바 디 네리이다.

1971년에 창설된 가족경영 와이너리로, **3대째인 현재도 외부 자본을 도입하지 않고 와인 양조를 계속하고 있다.** 차세대 이탈리아 와인을 책임질 기대되는 생산자이다.

카사노바 디 네리는 일반적인 브루넬로 디 몬탈치노(화이트 라벨)뿐 아니라 브루넬로 디 몬탈치노 테누타 누오바, 브루넬로 디 몬탈치노 체레탈토(블랙 라벨)로도 유명하다.

「테누타 누오바」와 「체레탈토」가 와인 전문지와 저명한 평론가들로부터 극찬을 받으면서 카사노바 디 네리의 이름이 세상에 알려졌고, 지금은 **브루넬로의 대표 도멘**이라고 할 정도가 되었다.

특히 2006년에 《와인 스펙테이터》가 선정한 「Top 100 와인」에 2001년산 테누타 누오바가 1위에 선정되면서 이름이 알려졌다. 테누타 누오바는 카사노바 디 네리가 소유한 밭 중에서도 최고의 구획인 2개의 밭에서 생산되는 포도로 만든 와인으로, **브루넬로 디 몬탈치노로서는 처음으로 《와인 스펙테이터》에서 최고의 자리를 차지**했다.

한편, 블랙 라벨이라고 불리는 「체레탈토」는 단일 포도밭(싱글 빈야드)에서 만들어지며, 불과 4*ha* 정도의 밭에서 8,000~9,000병밖에 생산되지 않는 와인이다. 체레탈토도 2010년산이 《와인 애드버킷》에서 100점을 획득하는 등 높은 평가를 받고 있다.

솔데라 카제 바세

# SOLDERA CASE BASSE

참고가격

약 72만 원

주요사용품종

브루넬로(산지오베제 그로소)

GOOD VINTAGE

1990, 93, 95, 99, 2001, 02, 04, 06

## 84,000병 분량의 와인이 하룻밤에 물거품으로

완고하고 독자적인 철학을 가진 카제 바세는 브루넬로 디 몬탈치노의 색다른 생산자이다.

1972년에 보험회사 직원이었던 지앙프랑코 솔데라(Gianfranco Soldera)가 와인 양조에 대한 열정으로 몬탈치노 지역에서 와인을 만들기 시작하면서 카제 바세를 창업했다. **독자적인 철학에 따라 에코시스템으로 환경을 정비하고 오가닉으로만 재배·양조**하는 그의 방침과 철학에 매료된 열렬한 카제 바세 팬이 전 세계에 존재한다.

카제 바세의 대표 와인 「솔데라」는 브루넬로 중에서도 특히 높은 가격을 자랑하는데, 그 가격을 더욱 급등시킨 큰 사건이 있었다.

2012년, 숙성 중이던 2007년부터 2012년산 카제 바세 와인 **약 84,000병 분량이 예전 종업원의 소행으로 대형 오크통에서 흘러나오고 말았다.** 와인 업계에 큰 손실을 끼친 사건이었으나, 얄궂게도 희소성이 높아진 카제 바세는 가격이 상승해 경매에서도 솔데라의 거래가 활발해지는 결과를 가져왔다.

이 사건으로 몬탈치노 협회로부터 「다른 생산자의 와인을 양도받으면 어떻겠냐?」라는 제안을 받은 솔데라는 화를 내며 협회를 탈퇴했다. 절대 타협하지 않고 항상 품질을 보증하겠다는 신념을 지닌 그에게 이 제안은 용납할 수 없는 것이었다.

그 뒤로 등급을 IGT 토스카나로 내려서 출하한다고 발표했고, **2006년산부터는 라벨 표기가 「BRUNELLO DI MONTALCINO」에서 「TOSCANA」로 변경**되었다(2006년산은 2종류의 표기가 섞여 있는데, 처음 출하된 것은 「BRUNELLO DI MONTALCINO」, 남은 재고는 「TOSCANA」로 표기되어 출하되었다. 왼쪽 사진은 전자이다).

레디가피 두아 리타

# REDIGAFFI TUA RITA

참고가격

약 27 만 원

주요사용품종

메를로

GOOD VINTAGE

1998, 99, 2000, 01, 06, 07, 08, 09, 10, 11, 13, 15, 16

도멘 이름 「투아 리타」는 오너인 리타 부인의 이름 「리타 투아」에서 따왔다.

## 마이너 산지에서 날아온 슈퍼스타 탄생의 희소식

투아 리타는 1984년에 창업해서 역사가 길지 않으며, DOCG로 인정은 받았으나 **와인산지로는 그리 유명하지 않은 토스카나주 수베레토(Suvereto)에서 탄생한 도멘**이다.

당시 오너가 「자연에 둘러싸여 생활하고 싶다」는 가벼운 마음으로 구입한 2*ha*의 땅은(현재는 30*ha*나 되는 광대한 토지를 소유) 우연히도 보기 드문 특이한 토양으로, 프랑스산 포도 품종을 재배하는 데 이상적인 조건이었다.

그렇게 해서 1988년, 이 땅에서 메를로 품종이 재배되기 시작하였다. 이로 인해 100% 메를로 품종으로 만드는 투아 리타의 대표 와인 「레디가피」가 탄생했다.

첫 빈티지는 불과 125케이스(1,500병)가 생산되었는데, 슈퍼스타의 탄생을 예감한 평론가들로부터 **똑같이 100% 메를로 품종으로 만든 세계 최고의 와인 「페트뤼스」를 떠올리게 한다**는 말을 들으며 출하 직후부터 극찬을 받았다.

로버트 파커도 레디가피를 극찬했으며, 「크리스티앙 무엑스(페트뤼스의 오너)와 미셸 롤랑(보르도 우안의 유명 와인 컨설턴트)도 메를로의 본질을 겸비한 레디가피에 놀랄 것이다」라는 코멘트로 진정한 메를로 와인의 탄생을 기뻐했다.

출하 이후 레디가피는 항상 고득점을 획득했으며, 토스카나주가 좋은 작황으로 들썩였던 1997년에는 **아직 생산이 안정되지 않은 상황임에도 《와인 스펙테이터》에서 당당히 100점을 획득**했다. 이런 이유로 와인 애호가들은 같은 메를로 품종으로 만든 이탈리아 와인 「마세토」의 대항마로 레디가피를 수집하게 되었다.

## 와인경매 입문

크리스티스, 소더비, 자키 등 세계 각지에 거점을 둔 옥션회사는 전 세계에서 와인경매를 개최한다. 유명 회사가 개최하는 「경매」라고 하면 진입 장벽이 조금 높게 느껴지지만, 실제로는 **누구나 참가할 수 있다.**

현재 경매에 참가하는 데는 4가지 방법이 있다.

1. **경매장에서 번호 팻말을 들어 입찰한다.**
2. **전화로 입찰한다.**
3. **입찰 상한액을 정하고 사전에 입찰한다(지면응찰).**
4. **인터넷을 통해 라이브로 입찰한다.**

각각의 와인에는 로트 넘버가 배정되어 있고, 로트마다 내정가격(주최자와 출품자가 정한 최저 낙찰가)이 설정되어 있다. 입찰 희망자가 있어도 **내정가격**에 이르지 못하면 거래는 성립되지 않는다. 이 경우 경매사는 「Pass(패스)」라고 말하고 다음 로트로 넘어간다. 나쁜 영향을 미치지 않도록 「Unsold(팔리지 않았다)」라고 하지 않는다.

또한 각각의 와인에는 **예상 낙찰가**도 설정되어 있는데, 예를 들면 「US ＄1,000−1,500」라고 표기된다. 내정가격은 공표되지 않지만, 일반적으로 이 예상 낙찰가 중 낮은 가격의 80~100%로 설정된다.

경매는 1시간에 150로트 정도의 속도로 진행된다. 경매사가 와인의 브랜드와 **입찰액(bid)**을 부르는데, 원하는 와인이 나오면 재빨리 번호 팻말을 들어야 한다.

입찰액은 50~1,000달러까지는 50달러씩, 1,000~2,000달러까지는 100달러씩, 이런 식으로 가격에 따라 달라진다. 같은 가격에 여러 사람이 번호 팻말을 든 경우에는, 경매사의 판단으로 빨리 팻말을 든 사람이 낙찰 권리를 갖는다. 낙찰되면 옥션회사의 수수료(2019년 기준, 대형회사는 23~23.5%)가 가산된다.

입찰에서는 순간적인 판단이 중요하기 때문에 미리 출품 와인의 내용을 파악하고 낙찰가를 어림잡아야 한다. 경매 개최 2주 전쯤에는 출품 와인의 카탈로그가 완성되어 등록자에게 도착하므로, 사전에 어느 와인에 입찰할지 정해둔다. 오래된 와인의 경우 세세하게 상태가 기록되어 있으므로 그 와인의 보관 상태를 파악하는 것도 중요하다.

고가의 와인을 입찰할 때나 익명을 희망할 때는 「**전화입찰**」로 참가한다. 입찰을 희망하는 로트 넘버를 사전에 스태프에게 전해두면, 그 로트에 가까워질 무렵 스태프가 참가자에게 전화를 건다. 수화기로 입찰 여부를 전달하고, 그 내용을 스태프가 경매사에게 전달한다.

**사전입찰(지면응찰)** 방법은 미리 입찰가격의 상한을 정하고 사전에 옥션회사에 전달하는 것이다. 같은 로트에 사전 입찰자가 여럿일 때는 가장 높은 상한액을 제시한 입찰자가 선정되며(같은 금액이면 먼저 입찰한 사람), 경매사가 대신 낙찰 받는다.

또한 최근에는 인터넷을 이용한 입찰도 늘어나고 있다. 라이브 영상을 보면서 세계 어디에서나 클릭 한 번으로 경매사에게 입찰 의사를 전달하고 낙찰을 받을 수 있다.

옥션 카탈로그와 번호 팻말.

캘리포니아

CALIFOR

# NIA

최근 수십 년 사이에 캘리포니아 와인은 와인을 논할 때 빼놓을 수 없는 존재가 되었다. 캘리포니아에서 탄생한 최고급 와인인 「컬트와인」은 전 세계 와인 애호가들을 매료시켰고, 또한 프랑스의 최고 샤토가 캘리포니아에서 새로운 브랜드를 설립하는 등 기존의 전통에 얽매이지 않는 와인이 잇따라 이 지역에서 탄생하고 있다.

오퍼스 원

# OPUS ONE

**참고가격**

약 **46** 만 원

**주요사용품종**

카베르네 소비뇽, 메를로, 카베르네 프랑, 프티 베르도, 말벡

**GOOD VINTAGE**

1996, 2002, 03, 04, 05, 07, 10, 12, 13, 14, 15, 16

라벨에 있는 2개의 옆얼굴은 합작 벤처를 시작한 두 오너의 얼굴이다. 오른쪽을 보고 있는 사람이 로버트 몬다비, 왼쪽을 보고 있는 사람이 로쉴드 남작이며, 아래쪽에는 두 사람의 사인도 있다.

**SECOND WINE**

오버추어

## OVERTURE

약 **16** 만 원

프랑스어로 「서곡」을 의미하는 「ouverture」에서 유래된 오퍼스 원의 세컨드 와인. 소량을 작황이 좋은 해에만 생산하며, 기본적으로는 오퍼스 원의 와이너리에서만 판매하기 때문에 손에 넣기 어려워서 가격도 급등했다.

## 프랑스의 1등급 샤토가 캘리포니아에서 만들어낸「최고의 걸작」

프랑스의 1등급 샤토인 무통 로쉴드가 캘리포니아 와인의 선구자 로버트 몬다비와 손잡고 나파에서 탄생시킨 와인이「오퍼스 원」이다. 오퍼스 원은 **올드 월드와 뉴 월드를 연결하는 와인으로 새로운 와인 문화의 막을 연 상징적인 존재**이다(프랑스와 이탈리아 등 전통적인 와인 생산지역을「올드 월드」라고 부르고, 반대로 캘리포니아와 칠레 등 와인 신흥지역을「뉴 월드」라고 부른다).

1970년에 무통의 오너인 로쉴드 남작이 몬다비에게 합작 벤처를 제안한 것이 오퍼스 원이 탄생하는 계기가 되었다. 그로부터 8년 뒤 보르도를 방문한 몬다비가 결국 합의하면서 곧바로 시험 생산을 시작했고,「나파 메도크」라는 이름으로 새로운 합작 와인이 출하되었다.

정식으로「오퍼스 원」이라는 이름이 붙여진 것은 1980년이다. 오퍼스 원은 음악 용어로 **「작곡가가 처음 만든 작품」**이라는 뜻이다. 그야말로 신구가 융합한 최초의 걸작이 탄생한 것이다.

오퍼스 원은 연간 25,000케이스가 생산되어 그 양은 결코 적지 않지만, 철저한 관리를 바탕으로 늘 최고의 품질을 유지해 절대적인 신뢰를 얻었다.

손으로 따서 수확한 포도 열매는 크기와 숙성도 등을 판별하는 기계에 의해 **기준을 충족하지 못하면 가차없이 걸러진다.** 이렇게 만든 최고 품질의 와인을 전 세계로 출하한다.

나파를 방문한다면 오퍼스 원의 와이너리도 반드시 가보길 권한다. 1991년에 건축가 스콧 존슨의 설계로 지어진 이 와이너리는「나파의 보물상자」로도 불리는, 매우 아름답고 위엄 있는 모습이다.

스크리밍 이글
# SCREAMING EAGLE

참고가격

약 440만 원

주요사용품종

카베르네 소비뇽, 메를로, 카베르네 프랑

GOOD VINTAGE

1992, 93, 95, 96, 97, 99, 2001, 02, 03, 04, 05, 06, 07, 09, 10, 12, 13, 14, 15, 16

2010년부터는 포일과 와인 병 사이에 정품인증 태그를 붙여 위조를 방지하고 있다.

SECOND WINE

세컨드 플라이트
## SECOND FLIGHT

약 96만 원

스크리밍 이글보다 생산량이 적은 환상의 세컨드 와인. 카베르네 소비뇽과 메를로 품종을 주로 사용한다.

## 구입 권리를 얻는 것만 해도 12년 대기!?
## 열광적인 팬을 거느린 컬트와인

캘리포니아에서 주목받는 와인은 「컬트와인」이라 불리는 고가의 와인이다. **고품질 와인의 생산량을 일부러 억제해 희소성을 높여, 컬렉터스 아이템으로 애호가의 소유욕을 자극하는** 것이 특징으로, 「컬트=숭배」가 의미하듯이 열광적인 팬을 거느린 카리스마적 존재이다.

열광적인 숭배자들이 있는 「스크리밍 이글」은 그야말로 「컬트 중의 컬트」라 불리는 와인이다. 연간 **불과 500케이스(6,000병) 정도밖에 생산되지 않아서 구입을 위한 권리를 얻는 것만 해도 12년을 기다려야** 하는 상태이다.

카베르네 소비뇽 품종을 주로 사용하고 높은 알코올 도수와 농축되고 파워풀한 풍미가 특징인 스크리밍 이글은, 마시다 질릴 정도의 강한 맛과 높은 알코올 도수로 올드 월드의 평론가 · 생산자들에게서 비판을 받았지만, 미국 시장에서는 인정을 받았고 물량 부족으로 해마다 가격이 급등하는 결과를 낳았다.

특히 미국인 평론가 로버트 파커를 비롯해 《와인 스펙테이터》 등의 미국 미디어는 첫 빈티지부터 고득점을 주면서, **올드 월드에서는 표현하지 못하는 풍미**라고 극찬했다. 또한 2000년에는 1992년산(첫 빈티지) 스크리밍 이글 6ℓ 사이즈가 50만 달러에 낙찰되어 컬트와인은 더욱 확고한 존재가 되었다. 처음 출하하고 8년밖에 안 된 어린 와인이 이처럼 고가에 낙찰된 것은 매우 드문 일이었기 때문이다.

2012년에는 100% 소비뇽 블랑으로 만든 「스크리밍 이글 블랑」도 생산하기 시작했다. 생산량이 불과 50케이스(600병)인데다 생산량을 더 줄인다는 발표도 있어서, 현재는 3,000달러 이상의 파격적인 가격으로 낙찰되고 있다.

할란 이스테이트

# HARLAN ESTATE

참고가격

약 140만 원

주요사용품종

카베르네 소비뇽, 메를로,
프티 베르도, 카베르네 프랑

GOOD VINTAGE

1991, 92, 94, 95, 96, 97,
98, 2001, 02, 03, 04, 05,
06, 07, 08, 09, 10, 12, 13,
14, 15, 16

SECOND WINE

더 메이든

## THE MAIDEN

약 41만 원

할란의 세컨드 와인 「더 메이든」은 해마다 블렌딩 비율을 달리해서 평균 900케이스를 생산한다. 세컨드 와인이지만 그 실력은 구세계에서도 인정받았고, 유럽의 경매에서도 입찰이 몰린다.

할란의 우아함을 돋보이게 해주는 아름다운 라벨 디자인은 오너인 윌리엄 할란이 직접 만든 것이다. 19세기 조각에서 영감을 얻어 10년의 세월을 들여 디자인했다.

## 성공한 부호가 제2의 인생에서 만든 와인.
## 그럼에도 실력은 최고등급!

미국의 비즈니스맨들 사이에서는 와이너리의 오너가 되는 것이 동경하는 은퇴 후의 라이프 스타일이다. 와인 비즈니스로 여생을 보내는 것이 성공한 사람으로 보여져, 풍부한 자금력을 갖추고 와인 비즈니스로 전향하는 엘리트층이 늘고 있다.

할란 이스테이트의 오너 윌리엄 할란도 모든 이가 동경하는 이상적인 커리어를 쌓은 성공한 부호 중 한 명이다. 부동산 왕으로 대성공을 거둔 할란은 1984년에 할란 이스테이트를 설립했다. 「와인의 마술사」라는 별명을 가진 미셸 롤랑을 고용하는 등 본격적으로 와인 양조를 시작해, 창업 이래 줄곧 같은 팀으로 와인을 만들고 있다.

설립 당시의 목표는 「보르도 1등급 샤토에 뒤지지 않는 고급와인을 만드는 것」이었는데, 할란은 **보르도 1등급 샤토가 몇 백 년에 걸쳐 얻은 명성을 무려 첫 빈티지에서 획득**했다. 첫 빈티지인 1990년산을 테이스팅한 평론가들은 할란의 등장을 열렬히 기뻐했다. 또한 그 뒤에도 연거푸 파커 포인트 100점을 획득하며 할란은 단번에 스타의 반열에 올랐다.

현재는 보르도의 1등급 샤토보다 고가로 매매되며, **메일링 리스트(리스트에 등록된 사람만 구입할 수 있다)에 오를 권리가 경매에 나올 정도로 인기**가 많다. 65달러에 출하된 90년산은 2019년 경매에서 1병에 약 1,300달러라는 고가로 낙찰되었다. 유명 와인평론가인 잰시스 로빈슨도 할란을 「20세기에 열 손가락 안에 드는 위대한 와인」이라고 극찬하는 등, 궁극의 컬트와인으로 그 이름을 세상에 알리고 있다.

본드 멜버리

# BOND MELBURY

참고가격

약 64만 원

주요사용품종

카베르네 소비뇽

GOOD VINTAGE

2001, 02, 03, 04, 05, 07, 10, 12, 13, 14, 15, 16

OTHER WINE

매트리악

## MATRIARCH

약 23만 원

싱글 빈야드 와인 시리즈를 만드는 5개의 밭에서 수확한 포도를 블렌딩하여 만든다. 블렌딩 비율은 비공개이지만, 5개의 단일 포도밭 와인에 비해 균형 잡힌 풍미로 완성된다.

## 80개 이상의 밭에서 엄선된「본드 5형제」

90년대에 등장한「원조 컬트와인」에 이어 90년대 후반부터 연달아 등장한 것이, **「차세대 컬트와인」**이라 불리는 개성 넘치는 와인을 만드는 신생 와이너리이다.

그 선두에 할란 이스테이트의 윌리엄 할란이 설립한 본드 이스테이트가 있다.「본드」는 할란의 어머니 성에서 따온 것이다.

할란은 부르고뉴처럼「테루아에 특화된 와인을 만드는 것」을 목표로 했다. 그래서 25년 동안이나 나파에서 최고의 테루아를 찾아다녔고, 80개 이상의 밭에서 신중하게 선택한 것이 **「멜버리(Melbury)」, 「베시나(Vecina)」, 「세인트 이든(St. Eden)」, 「플러리버스(Pluribus)」, 「퀠라(Quella)」** 등의 5개 밭이다.

본드는 이 5개의 밭에서 자란 카베르네 소비뇽을 사용하여 DRC처럼 **각기 다른 밭의 개성을 중시한 단일 포도밭(싱글 빈야드) 와인**을 만들었다.

「멜버리」는 스파이시함과 과일맛의 융합,「베시나」는 파워풀함과 미네랄 느낌이 특징이다(모두 1999년 데뷔). 2001년에 데뷔한「세인트 이든」은 달콤함과 허브의 균형이 특징이며, 2003년 데뷔한「플러리버스」는 응축감과 삼나무 향이 있다. 2006년에 발표된「퀠라」는「자연의 원천」을 의미하는 독일어에서 유래한 이름으로, 화산재로 뒤덮였던 고대의 토양이 남아 있는 밭에서 만들어진, 생기 있고 활발함이 넘치며 리치한 풍미가 특징이다.

이들 와인은 싱글 빈야드에서 만들기 때문에 **450~600케이스라는 적은 양만 생산되며,** 파커 포인트 100점까지 획득해서 해마다 가격이 상승하고 있다.

콜긴 허브 램 빈야드

# COLGIN HERB LAMB VINEYARD

참고가격

약 56만 원

주요사용품종

카베르네 소비뇽

GOOD VINTAGE

1994, 95, 96, 97, 99, 2001, 06, 07

OTHER WINE

티츠슨 힐
**TYCHSON HILL** 약 59만 원

캐리아드
**CARIAD** 약 57만 원

NO.9 이스테이트
**IX ESTATE** 약 63만 원

콜긴이 생산하는 여러 가지 와인. 그중에서도 NO.9 이스테이트의 밭은 포도의 생장에 이상적인 조건을 모두 갖춘 이상향이다.

## 「3천 명이 대기」하는 고평가 와인들

콜긴은 경매에 항상 등장하는 매우 친숙한 와인이다. 현재는 「허브 램 빈야드」, 「티츠슨 힐」, 「캐리아드」, 「NO.9 이스테이트」 등 4가지 라인업이 생산된다.

콜긴의 기념비적인 데뷔 빈티지는 1992년산이다. 100% 카베르네 소비뇽 품종으로 만든 1992년산 허브 램 빈야드에는 「놀라운 응축감」, 「우아함의 진수」라는 칭찬이 쇄도하면서 화려하게 데뷔했다.

그 뒤에도 **출하하는 와인이 전부 고득점을 획득**했고, 나파의 기후가 좋지 않아 많은 와이너리가 어려움을 겪었던 2000년에도 깊이 있는 아로마를 빚어내는 저력을 보여줬다.

콜긴은 나파의 컬트와인 중에서도 특히 생산량이 적어서, **각각 350케이스(4,200병)** 정도이다.

게다가 생산량의 70%는 메일링 리스트에 이름이 올라간 정기 구매자에게만 판매되는데(남은 30%는 뉴욕과 캘리포니아의 고급 레스토랑 & 해외 수출), 이 메일링 리스트에는 현재 8천 명이 등록되어 있고, **3천 명이 웨이팅 리스트에서 권리 획득을 기다리는** 상황이다.

2017년에는 루이비통 그룹이 콜긴 셀러스의 60%를 매수했다는 뉴스가 보도되었는데, 콜긴 셀러스는 현재 1억 유로(약 1400억 원)의 가치가 있다고 할 정도로 높은 평가를 받고 있다.

미야

# MAYA

참고가격

약 56만 원

주요사용품종

카베르네 소비뇽,
카베르네 프랑

GOOD VINTAGE

1990, 91, 92, 93, 94, 95, 96, 97, 99, 2001, 02, 05, 07, 08, 09, 10, 12, 13, 14, 15, 16

와이너리를 창설한 달라 발레 부부 중 부인이 일본인이다. 와인 이름인 「마야」는 딸의 이름에서 따왔다.

## 와인 이름은 「딸」의 이름. 일본인 여성이 오너인 와이너리

이탈리아에서 캘리포니아로 이주한 달라 발레(Dalla Valle) 부부는 1986년에 달라 발레 와이너리를 설립했다.

원래 이탈리아에서 와인사업에 종사하던 남편 구스타프 달라 발레, 그리고 부인 나오코 달라 발레는, 나파의 테루아를 살린 와인 양조를 시작해 1988년에 「마야」를 발표했다. 장기숙성형으로 완성된 스타일은 많은 평론가들로부터 높은 평가를 받았다.

카베르네 소비뇽과 카베르네 프랑을 블렌딩하여 엮어낸 응축감과 카시스와 바닐라 향이 있는 아로마가 특징으로, 로버트 파커도 「슈퍼스타가 탄생했다」며 마야의 탄생을 기뻐했고 4차례나 100점을 주었다.

그중에서도 놀라웠던 것은 데뷔하고 몇 년 만에 파커 포인트 100점을 받은 1992년산이었다. **많은 나파의 와이너리가 100점을 놓친 그해에, 마야는 더할 나위 없이 완벽한 풍미로 당당히 100점을 획득**했다. 발매 당시 20달러였던 92년산은 3년 만에 3배 이상의 값이 붙었고, 지금은 **30배 이상**이 되었다.

현재는 95년에 타계한 구스타프 달라 발레를 대신해 스크리밍 이글의 양조가였던 앤디 에릭슨(Andy Ericsson)이 양조를 담당하고, 「블렌딩의 마술사」로 불리는 세계적으로 유명한 미셸 롤랑이 컨설턴트로 취임해 마야의 독특한 깊이와 응축감을 표현하고 있다. 현재 오너는 부인인 나오코이다.

겨우 200케이스에서 시작한 마야의 생산량은 **현재도 500케이스(6,000병)로 적기 때문에, 손에 넣기 힘든 컬트와인 중 하나**이다.

슈레더 셀러스 벡스토퍼 투 칼론 빈야드 CCS

# SCHRADER CELLARS BECKSTOFFER TO KALON VYD CCS

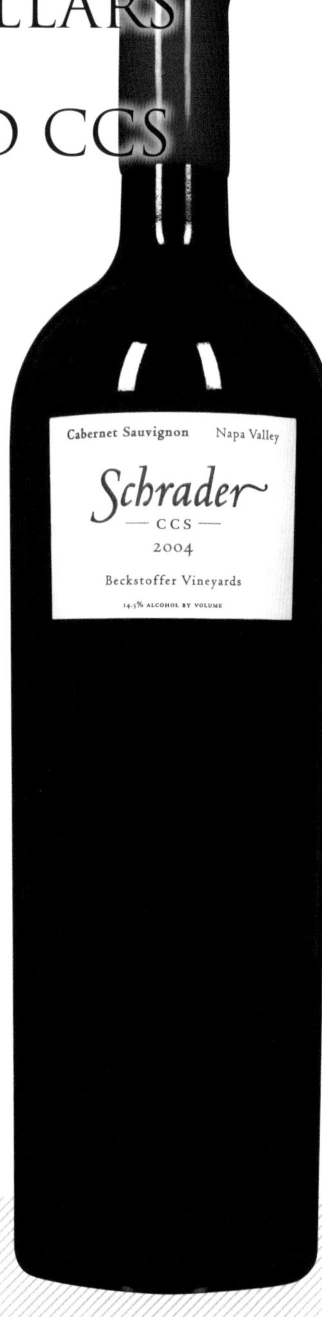


참고가격

약 50만 원

주요사용품종

카베르네 소비뇽

GOOD VINTAGE

2002, 03, 04, 05, 06, 07, 08, 09, 10, 12, 13, 14, 15, 16

OTHER WINE

올드 스파키

## OLD SPARKY

약 67만 원

「올드 스파키」는 오너 프레드 슈레더의 별명에서 따온 이름이다. 매그넘 사이즈(1,500㎖)만 생산하며, 마찬가지로 벡스토퍼 투 칼론 밭에서 생산한다.

## 압도적인 실력으로 열혈팬이 많은 와인

2017년 미국의 유명 와인 회사인 컨스텔레이션 브랜드(Constellation Brands)가 6천만 달러(약 660억 원)라는 파격적인 가격으로 나파의 「슈레더 셀러스」를 샀다는 뉴스가 보도되었다.

슈레더 셀러스는 1998년에 설립된 신생 와이너리이면서 예전에는 **파커 포인트 100점을 가장 많이 획득**하여 와인 업계에 그 이름이 널리 알려져 있었다(2019년 현재 19개 브랜드에서 100점을 획득했다. 지금은 시네 쿠아 논이 22개 브랜드에서 100점을 받아 가장 많다).

슈레더는 독자적인 포도밭을 소유하지 않으며 와이너리도 없다. 계약업자에게 포도를 대량으로 사들여 작은 양조장에서 와인을 만든다. 슈레더에서는 9가지 와인이 생산되는데 이 중 5가지가 **나파의 최상급 밭인 「벡스토퍼 투 칼론」**에서 재배한 포도로 만들어진다. 나파의 다른 생산자들은 벡스토퍼 투 칼론에서 포도를 대량으로 살 수 있는, 슈레더 셀러스의 할당량(알로케이션, allocation)을 몹시 부러워한다.

모든 브랜드를 합쳐도 2,500~4,000케이스 정도로 소량만 생산하는 슈레더 와인은, 메일링 리스트로 직접 판매만 하기 때문에 시장에 나오는 경우는 거의 없다. 그래서 경매에서도 가장 입찰이 많이 몰리는 브랜드 중 하나다.

2016년에는 슈레더 셀러스가 직접 출품하는 「슈레더 엑스 셀러 경매」가 열렸는데, 열렬한 슈레더 팬들의 경쟁으로 낙찰가가 터무니없을 정도로 올라갔다. 슈레더의 메일링 리스트에는 이처럼 재력가인 우수 고객들의 이름이 올라 있는데, 이 고객 리스트가 컨스텔레이션 브랜드가 슈레더 셀러스를 매수한 목적 중 하나였다고도 한다.

케이머스 빈야느 스페셜 셀렉선

# CAYMUS VINEYARDS SPECIAL SELECTION

참고가격

약 21 만 원

주요사용품종

카베르네 소비뇽

GOOD VINTAGE

1975, 76, 78, 94, 2001, 02, 03, 05, 10, 11, 12

## 역사상 유일하게,
## 유명 와인 전문지에서 연간 1위를 2차례 획득

《와인 스펙테이터》가 「카베르네 소비뇽을 위한 최고의 와이너리」라고 평한 케이머스 빈야드는 보르도와는 다른, 나파 밸리 특유의 카베르네 스타일을 확립했고, 그래서 케이머스 빈야드의 레드와인을 **「나파 최고의 카베르네」**라고도 한다.

케이머스가 만드는 스탠더드 와인인 **「케이머스 빈야드 카베르네 소비뇽」**(아래)은 1972년에 출하된 이후 《와인 스펙테이터》의 평가에서 90점 아래로 떨어진 적이 없는 뛰어난 안정성을 자랑한다.

그리고 케이머스의 최고급 와인이 「스페셜 셀렉션」이다. **작황이 좋은 해에만 생산되는 특별한 와인**으로, 1975년 데뷔 이후 계속 높은 평가를 받고 있다. 특히 데뷔 이듬해인 1976년산은 전설이라 불리는 47년산 슈발 블랑이나 페트뤼스와도 비교될 정도로 높은 평가를 받았다. 또한 《와인 스펙테이터》가 발표하는 **「Wine of the year」에서 역사상 유일하게 2차례나 1위에 오르는 쾌거도 달성했다.**

케이머스의 레드와인은 타닌이 숙성되어 입안에서 벨벳처럼 부드럽게 느껴지는 것이 특징이다. 이는 「행 타임(Hang time)」이라는 케이머스의 독자적인 기술에 의한 것으로, 수확을 최대한 늦춰서 당분과 과일맛이 충분히 숙성되기를 기다렸다가 수확하기 때문이다.

케이머스 빈야드 카베르네 소비뇽
CAYMUS VINEYARDS CABERNET SAUVIGNON
약 10만 원

도미너스

# DOMINUS

참고가격

약 31 만 원

주요사용품종

카베르네 소비뇽, 프티 베르도, 카베르네 프랑

GOOD VINTAGE

1987, 90, 91, 92, 94, 96, 2001, 02, 03, 04, 05, 06, 07, 08, 09, 10, 12, 13, 14, 15, 16

SECOND WINE

나파누크

## NAPANOOK

약 9 만 원

도미너스와 같은 밭에서 생산되는 세컨드 와인. 나파누크를 위해 엄선된 포도를 사용해서 만든다.

## 보르도 제일의 양조자가 나파에서 와인 양조를 시작한 이유

와인 마니아라면 라벨에 그려진 사인이 누구 것인지 바로 알아볼 것이다. 이 와인은 보르도 우안의 고가 와인 「페트뤼스」의 양조를 맡고 있는 크리스티앙 무엑스가 만든 와인이다.

무엑스가 처음 양조에 대해 배운 곳은 사실 프랑스가 아니라 캘리포니아대학 데이비스 캠퍼스였다. 재학 중에 방문한 나파의 욘빌에서 장래성을 본 무엑스는 졸업한 뒤에도 나파를 잊지 않았고, 1981년에는 마침내 이 지역에 포도밭을 찾으러 갔다.

그곳에서 무엑스를 매료시킨 것은 「나파누크」라는 나파의 뛰어난 밭이었다. 당시 나파누크의 소유자는 「잉글누크(Inglenook)」라는 와이너리였는데, **무엑스는 그들에게 합작 벤처를 제안하고 「도미너스 이스테이트」를 설립했다**(1995년에 무엑스의 단독 소유가 되었다). 이렇게 해서 라틴어로 「왕의 땅」이라는 뜻을 가진 도미너스 이스테이트에서 무엑스의 새로운 도전이 시작되었다.

오퍼스 원에 이은 **프랑스 거물의 나파 진출**이 널리 알려지면서 도미너스의 출하는 많은 관심을 모았다. 1983년에 선보인 도미너스의 첫 빈티지는 생산량이 2,100케이스로, 겨우 45달러에 판매되어 순식간에 매진되었다. 2017년에는 이 1983년산의 12병들이가 경매에 출품되어 약 310만 원에 낙찰되었다.

2001년 이후 도미너스는 더더욱 품질을 높였고, 나파의 기후가 좋지 않았던 2011년에 유일하게 유감스러운 결과를 낳았지만, 그 외에는 모두 고득점을 획득했다.

브라이언트 패밀리 빈야드

# BRYANT FAMILY VINEYARD

참고가격

약 71 만 원

주요사용품종

카베르네 소비뇽

GOOD VINTAGE

1993, 94, 95, 96, 97, 99, 2000, 04, 10, 12

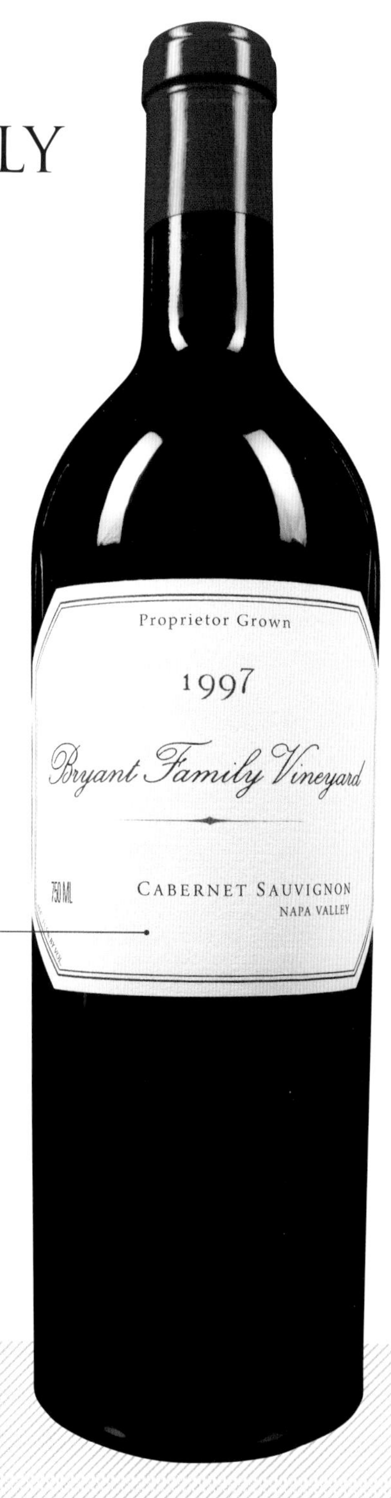


일반적으로 컬트와인은 알코올 도수가 높고 단단한 풍미가 특징이지만, 브라이언트 패밀리는 파워풀하면서도 부드러움과 섬세함을 갖춰 음식을 돋보이게 하는 풍미가 특징이다.

## 영광과 스캔들로 점철된 와이너리

브라이언트 패밀리가 있는 **「프리차드 힐(Pritchard Hill)」**은 숨은 명산지로, AVA(American Viticultural Areas, 미국 포도지정 재배지역 = 정부 공인 토지) 인가 신청을 받지 않은 것으로도 유명하다. 하지만 프리차드 힐에서는 그런 지위가 필요 없을 정도로 많은 고급와인이 탄생했다. 섬세함과 강렬함을 겸비한 카베르네 소비뇽을 만들어낸 토지로, 수많은 컬트 와이너리가 이 지역에 설립되었다.

유명한 엘리트 변호사인 도널드 브라이언트도 잠정 은퇴한 뒤 프리차드 힐에 광대한 토지를 구입했다. 그리고 곧바로 일류 와인 메이커와 빈야드 매니저(포도밭 관리자)를 고용하고, 브라이언트 패밀리를 출범시켰다.

데뷔 이듬해인 1993년에는 파커 포인트 97점을 획득해 1병에 35달러였던 판매가격이 순식간에 급등했고, 현재는 1병에 약 500달러, 매그넘 병에는 약 2,000달러라는 가격이 책정되어 있다. **100점을 받은 1997년산의 경우, 1병의 판매가격이 약 1,200달러**나 될 정도이다.

이렇게 나는 새도 떨어뜨릴 기세였던 브라이언트 패밀리였으나, 캘리포니아의 기후가 전례 없이 좋았던 **2001년산이 혹평을 받으면서 큰 그림자가 드리워졌다.** 게다가 2002년에는 와이너리의 얼굴로 활약했던 와인 메이커 헬렌 털리(Helen Turley)의 해고가 소송으로 번져 사람들 입에 오르내렸다.

그 뒤에도 스크리밍 이글의 와인 메이커를 스카우트하는 등 개혁을 추진했지만, 여전히 데뷔 당시의 기세에는 이르지 못하고 있다. 그래도 최근에는 서서히 그 품질을 되찾아 고급와인 시장에 복귀할 날이 머지않은 것으로 기대된다.

샤토 몬텔레나 샤르도네

# CHATEAU MONTELENA CHARDONNAY

참고가격

약 6만 원

주요사용품종

샤르도네

GOOD VINTAGE

1973, 88, 2001, 03, 10, 11

OTHER WINE

샤토 몬텔레나 카베르네 소비뇽

## CHATEAU MONTELENA CABERNET SAUVIGNON

약 7만 원

샤르도네로 유명한 몬텔레나이지만, 레드와인에도 힘을 쏟고 있다.
※ 사진은 더블 매그넘 사이즈(3,000㎖)

## 프랑스 와인에 압승한 무명의 화이트와인

1976년, 당시 아직 무명이었던 샤토 몬텔레나의 이름으로 세상이 들썩였다. 영화로도 만들어진 「**파리의 심판**」이라 불리는 캘리포니아 vs 프랑스 와인의 블라인드 테이스팅에서, 몬텔레나가 쟁쟁한 프랑스 생산자들을 제치고 만장일치로 화이트와인 부문 1위를 차지한 것이다.

프랑스 와인계를 대표하는 사람들이 심사위원을 맡아서 「결과는 불 보듯 뻔하다」고 예상한 이벤트였으나, 실제로는 그야말로 **캘리포니아 와인의 대승리.** 몬텔레나를 방문하면 지금도 여전히 그 뉴스를 폭로한 타임지 기사와 1973년산 와인병이 기념으로 장식되어 있다.



1882년 나파 밸리 북단에 설립되어 캘리포니아 와인의 황금시대를 보낸 몬텔레나는 금주법으로 타격을 받아 1934년에 한 차례 파산 위기에 몰렸다. 그런 와이너리의 부흥을 이뤄낸 사람이 변호사로 일하다 1972년에 샤토를 구입한 짐 바렛(Jim Barrett)이었다.

바렛은 양조 경험이 없었지만 유명 와인 메이커를 영입했고, 이듬해 출하한 1973년산 샤르도네로 파리의 심판에서 1위를 차지했다. 이 결과를 전한 타임지가 발매되자, 문의 전화가 끊이지 않았다고 한다.

| 파리의 심판_ 화이트와인 순위 | |
|---|---|
| 1위 | **샤토 몬텔레나** Château Montelena (미) |
| 2위 | **뫼르소 샴므 룰로** Meursault Charmes Roulot (프) |
| 3위 | 샬론 빈야드 Chalone Vineyard (미) |
| 4위 | 스프링 마운틴 빈야드 Spring Mountain Vineyard (미) |
| 5위 | 본 클로 데 무슈 조셉 드루앵 Beaune Clos Des Mouches Joseph Drouhin (프) |
| 6위 | 프리마크 애비 와이너리 Freemark Abbey Winery (미) |
| 7위 | 바타르 몽라셰 라모네 프뤼동 Batard-Montrachet Ramonet-Prudhon (프) |
| 8위 | 퓔리니 몽라셰 레 퓌셀 도멘 르플레브 Puligny-Montrachet Les Pucelles Domaine Leflaive (프) |
| 9위 | 비더 크레스트 빈야드 Veeder Crest Vineyards (미) |
| 10위 | 데이비드 브루스 와이너리 David Bruce Winery (미) |

키슬러 빈야드 퀴베 캐서린

# KISTLER VINEYARDS CUVEE CATHERINE

참고가격

약 19 만 원

주요사용품종

피노 누아

GOOD VINTAGE

1993, 95, 96, 97, 98, 99, 2000, 02, 03, 04, 05, 06, 07, 09

OTHER WINE

키슬러 빈야드 퀴베 캐서린

**KISTLER VINEYARDS CUVEE CATHLEEN**

약 22 만 원

키슬러가 만드는 샤르도네 화이트와인. 레드와인 「퀴베 캐서린」과 알파벳 스펠링이 미묘하게 다르다.

## 스탠포드 × MIT가 만들어낸,<br>부르고뉴 이상으로 부르고뉴다운 와인

키슬러 빈야드는 스탠포드 대학교와 메사추세츠 공과대학교를 졸업한 스티브 키슬러(Steve Kistler)와 마크 빅슬러(Mark Bixler)에 의해 1978년 소노마에 설립되었다.

키슬러는 철저하게 부르고뉴의 전통적인 양조법을 따라, 부르고뉴의 대가들처럼 **개성이 다른 각각의 밭의 특징을 살린 여러 가지 단일 포도밭(싱글 빈야드) 와인**을 만든다. 게다가 이 와인들은 모두 1~2만 병 정도만 소량 생산하고, 라벨에도 시리얼 넘버를 붙여 수집가의 마음을 부추긴다.

그중에서도 희소성이 높은 와인이 100% 피노 누아로 만든 레드와인 「퀴베 캐서린」과 「퀴베 엘리자베스」이다. 로버트 파커도 **「키슬러가 만드는 피노 누아는 DRC의 그랑 에셰조(→ p.27)를 방불케 한다」**고 극찬했다. 2가지 와인 모두 150케이스 정도만 소량 생산되어 손에 넣기 어려운, 희소가치가 높은 명품 와인이다.

또한 키슬러는 **「캘리포니아 샤르도네의 왕」**이라고도 불린다. 키슬러가 만든 샤르도네 화이트와인은 캘리포니아 스타일이라고 하는 과일 맛이 나는 와인이 아니라, 부르고뉴의 그랑 크뤼를 방불케 하는 산미와 미네랄이 풍부한 맛이다.

이렇게 깊은 산미가 가미된 맛을 「키슬러 매직」이라고 부르며, 로버트 파커도 「키슬러가 부르고뉴의 코트 도르에 있었다면 그랑 크뤼의 일류 생산자와 같은 영광과 명예를 얻었을 것이다」라고 극찬했다.

소노마／러시안 리버 밸리

시네 쿠아 논 퀸 오브 스페이드

# SINE QUA NON QUEEN OF SPADES

참고가격

약 740만 원

주요사용품종

시라

GOOD VINTAGE

—

매번 바뀌는 라벨 디자인은 아티스트이기도 한 오너 만프레드 크랑클(Manfred Krankl)이 디자인한다.

## 같은 와인은 두 번 다시 만들지 않는다!? 해마다 새로운 와인을 만드는 이색 와이너리

포도의 블렌딩 비율, 와인 이름, 라벨 디자인, 와인병 모양 등을 다르게, **해마다 새로운 와인을 출하하는 이색 와이너리**가 「시네 쿠아 논」이다. 시네 쿠아 논은 자사의 포도밭뿐 아니라 다양한 재배업자로부터 포도를 조달하기 때문에 두 번 다시 같은 와인을 만들지 못한다.

그렇기 때문에 와인 이름도 매번 바꿔서 출하하는데 「퀸 오브 스페이드」, 「Mr. K」, 「트위스티드 & 벤트(Twisted & Bent)」 등 개성 넘치는 이름이 많다.

또한, 단지 독특하기만 한 것이 아니라 실력도 보장된다. **역사상 가장 많은 22개 브랜드가 파커 포인트 100점을 획득**한 와이너리이기도 하며, 로버트 파커가 「영화 매드맥스의 촬영지 같다」고 표현한 벤투라(Ventura) 공업시설 안에 있는 작은 와이너리에서 고가의 와인을 많이 만들었다. 첫 빈티지인 1994년산 「퀸 오브 스페이드」는 출하 당시 31달러였던 가격이 현재는 6천 달러 이상까지 급등했다.

2014년 경매에서도 다들 파격적인 낙찰가에 경악했다. 시네 쿠아 논의 로제와인 「퀸 오브 하트(Queen of Hearts)」가 1병에 42,780달러에 낙찰된 것이다.

이는 프랑스의 명문 도멘 DRC의 빈티지 와인과 맞먹는 가격이다. 퀸 오브 하트가 불과 300병밖에 생산되지 않은 희귀 와인이기는 했지만, 그럼에도 그 가격에 모두가 놀랐다.

시네 쿠아 논을 구입하려면 메일링 리스트에 등록되어야 하는데, 그 권리를 획득하려면 현재 9년을 기다려야 하는 상황이다.

# 그 밖의 지역

# OTHER AREA

오스트레일리아, 칠레, 스페인 등 일반적으로 「저렴하고 가성비 좋은 와인을 만든다」는 이미지가 있는 나라에서도, 실제로는 세계적인 평가를 받는 고급와인을 많이 만든다.
또한 최근에는 남아프리카공화국과 중국 등 지금까지 「와인」의 이미지조차 없었던 지역에서도 고급와인이 탄생해 화제가 되고 있다. 이들 지역에서 주목받는 새로운 와인을 소개한다.

그랜지 펜폴즈

# GRANGE PENFOLDS

참고가격

약 69 만 원

주요사용품종

쉬라즈(시라),
카베르네 소비뇽

GOOD VINTAGE

1962, 63, 71, 76, 81, 82, 86, 98, 2002, 04, 05, 06, 08, 09, 10, 12, 13, 14

OTHER WINE

알 더블유 티

## RWT

약 17 만 원

여러 지역의 포도를 블렌딩해서 만드는 그랜지와는 대조적으로, 단일 지역의 시라 품종을 사용한다. RWT란「Red Winemaking Trial」의 약자로, 원래 1995년에 시험적으로 실시된「단일 지역 포도로 와인을 만드는 프로젝트」의 이름이다. 2000년에 출하된 이후 평판이 높아서 그 뒤로도 계속 생산하고 있다.

## 프랑스에서는 금지된 블렌딩으로 전 세계를 포로로 만든 와인

펜폴즈사는 오스트레일리아 최고의 와이너리이다. 1844년 영국에서 이주한 의사가 사우스오스트레일리아주에 펜폴즈사를 설립했는데, 원래 환자용으로 양조되던 와인은 후에 전 세계 와인 애호가들을 매료시켰다.

펜폴즈가 만드는 와인 중에서도 독특한 블렌딩으로 인기를 얻은 것이 「그랜지」이다. 그랜지는 **쉬라즈 품종에 카베르네 소비뇽 품종을 몇 퍼센트 더해, 두 가지 품종의 상승효과를 만들었다.** 프랑스에서는 론 품종(쉬라즈)과 보르도 품종(카베르네 소비뇽)의 블렌딩이 금지되었지만, 펜폴즈는 **뉴 월드에서만 할 수 있는 자유로운 발상과 블렌딩**으로 새로운 와인을 만들어냈다.

보르도 블렌딩만 인정하던 영국인들도 그랜지를 지지했고, 더욱이 컬트와인의 리치한 맛에 점점 지쳐가던 미국 시장, 그리고 중국에서도 공전의 대히트를 기록했다.

**1953년산**은 그랜지의 최고 빈티지인데, 260케이스만 생산되어 시장에서는 거의 볼 수 없는 매우 희귀한 와인이다. 현재 가장 높은 판매가격은 1병에 26,900호주달러(약 2300만 원)이다.

덧붙이자면 두바이 공항에 있는 와인 전문점 「르 클로(Le Clos)」에서 그랜지 61병 세트가 66만 달러(약 7억3천만 원)에 판매하는 것을 본 적이 있는데, 그중에는 첫 빈티지인 매우 희귀한 51년산, 전설의 53년산, 숨은 명품인 57, 58, 59년산 등이 포함되어 있었다.

크리스 링랜드 쉬라즈 드라이 그로운 바로사 레인지스

# CHRIS RINGLAND SHIRAZ DRY GROWN BAROSSA RANGES

참고가격

약 77 만 원

주요사용품종

쉬라즈(시라)

GOOD VINTAGE

1993, 94, 95, 96, 97, 98, 99, 2000, 01, 02, 03, 04, 05, 06, 07, 08, 09, 10, 13

라벨에는 그해에 몇 병의 와인을 생산했는지 기재되어 있고, 와인 고유의 시리얼 넘버도 부여되어 있다.

## 연간 1,300병 정도만 생산하는 오스트레일리아의 희귀 와인

세계 최대의 와인 검색 사이트인 「와인 서처」가 2016년에 발표한 「고가의 오스트레일리아 와인 Top 10」에서 펜폴즈를 누르고 1위에 빛난 와인이, 크리스 링랜드 쉬라즈 드라이 그로운 바로사 레인지스(옛 이름은 스리 리버스, Three Rivers)였다.

오너이자 양조가이기도 한 크리스 링랜드는 원래 뉴질랜드에서 천재 와인 메이커로 알려져 있었는데, 1989년 오스트레일리아에 자신의 와이너리를 세우고, 이 쉬라즈 드라이 그로운 바로사의 **첫 빈티지(1993년산)로 로버트 파커에게 99점을 받으면서** 단번에 그 이름을 세상에 널리 알렸다.

파커는 「100점을 주지 않은 이유는 50케이스만 생산했기 때문이다」라고 말하며, 「향은 마치 47년 슈발 블랑 같다」라는 코멘트를 남겼다.

이후 크리스 링랜드는 1998년, 2001년, 02년, 04년 등 **연거푸 4차례나 파커 포인트 100점을 획득**해 최고 와인의 반열에 올랐다. 평론가들은 크리스 링랜드를 「론의 오래된 도멘이나 캘리포니아의 시네 쿠아 논 등 전 세계의 우수한 시라 품종 생산자와 견줄 만하다」고 극찬했다.

또한 발표 당시부터 매우 소량만 생산해서 그 희소성 때문에 「오스트레일리아의 컬트와인」이라 불리기도 한다. **현재도 연간 1,300병 정도**로 생산을 제한하는 데다 그 생산량의 대부분이 오스트레일리아 국내 소비와 미국 수출로 소진되기 때문에, 경매에서도 거의 볼 수 없는 매우 희귀한 와인이다.

카니발 오브 러브 몰리두커

# CARNIVAL OF LOVE MOLLYDOOKER

참고가격

약 9 만 원

주요사용품종

쉬라즈(시라)

GOOD VINTAGE

2005, 06, 07, 10, 12

## 꿈을 실현한 「왼손잡이」 부부

와인에 대한 꿈을 안고 둘이서 1,000달러에 불과한 자금으로 와인 비즈니스를 시작한, 사라 & 스파키(Sarah & Sparky) 부부가 세운 와이너리가 「몰리두커」이다.

부부의 자금은 금세 바닥을 보였으나 와인의 맛이 마음에 든 엔젤투자자(벤처기업이 필요로 하는 자금을 여럿이 돈을 모아 지원해주고, 그 대가로 주식을 받는 개인 투자자)가 30만 달러짜리 수표로 그들의 와인 비즈니스를 지원했다고 한다.

그리고 로버트 파커도 데뷔 빈티지인 2005년산 「카니발 오브 러브」에 극찬을 아끼지 않았는데, 「폭신하고 매력적인 풍미는 파멜라 앤더슨(플레이보이지 모델 겸 배우)도 질투할 정도이다」라고 그 농후한 맛을 매우 독특하게 표현했다.

미디어에서도 카니발 오브 와인을 대대적으로 다루었는데, 《와인 스펙테이터》의 **「와인 오브 더 이어」에서도 2006년과 07년에 2년 연속으로 Top 10에 올랐고,** 2014년에는 당당히 2위에 선정되었다.

참고로 「몰리두커」란 오스트레일리아의 속어로 **「왼손잡이」**라는 뜻이다. 실제로 부부가 모두 왼손잡이여서 그런 이름을 붙였다고 한다.

「왼손잡이인 사람은 예술적 기질이 많다」고 하는데, 몰리두커의 와인도 품질뿐 아니라 **친근감이 느껴지는 대중적인 라벨과 독특한 와인 이름 등 기발한 아이디어로 인기를 모았다.** 「놀라움이 있는 와인을 만든다」가 부부의 방침이기도 하다.

또한 컬트와인으로서는 가격이 양심적인데, 그런 점에서 미국의 와인 애호가들에게도 지지를 얻어 미국을 비롯해 아시아로도 시장을 넓히고 있다.

도미니오 데 핑구스

# DOMINIO DE PINGUS

참고가격

약 110만 원

주요사용품종

템프라니요(Tempranillo)

GOOD VINTAGE

1996, 99, 2000, 04, 05, 06, 07, 08, 09, 10, 12, 13, 14, 15, 16

SECOND WINE

플로르 데 핑구스

## FLOR DE PINGUS

약 12만 원

수령 35년 이상의 템프라니요 품종을 사용하여, 4,000케이스만 소량 생산하는 세컨드 와인이다.

## 만점 평가를 받은 데뷔 빈티지, 그중 20%가 바다 밑으로 사라졌다

1995년에 설립한 「핑구스」는 **데뷔 빈티지로 파커 포인트 100점을 획득**한 기대되는 신성 와이너리이다.

불과 3,900병으로 데뷔한 95년산은 「이제까지 맛본 것 중에서 가장 흥미로운 어린 와인 중 하나」라고 로버트 파커로부터 극찬을 받으며 화려하게 데뷔했다.

높은 평가를 받은 데다 소량 생산된 핑구스의 가격은 곧바로 크게 올랐고, 많은 미디어에서 **스페인이 낳은 컬트와인**으로 다루면서 일약 스타가 되었다.

게다가 사고로 인해 핑구스의 가격은 한층 더 급등했다. 1997년, 스페인에서 미국을 향해 출항한 핑구스를 실은 배가 아조레스제도 앞바다에서 의문의 침몰 사고를 당해, 배에 실려 있던 데뷔 빈티지가 75케이스나 바다 밑에 가라앉고 말았다.

이 원인 불명의 침몰 사고로 희귀한 데뷔 빈티지의 약 20%가 바다 밑으로 사라져버리자, 핑구스의 가격은 출하 가격인 200달러에서 단번에 495달러까지 뛰었다. 현재도 가격 상승이 계속되어, 2013년 소더비 경매에 출품되었을 때는 **1병에 약 1,500달러까지 급등**했다.

물론 핑구스가 고가인 이유는 희소성뿐 아니라 품질 관리가 철저하기 때문이다. 특히 2000년 이후에는 1*ha*당 포도의 수확량을 줄여 품질을 높였고, 연간 500케이스 정도로 생산량을 제한했다. 게다가 **핑구스의 기준을 충족시키지 못한 해에는 생산 자체를 단념했다.** 또한 2003년부터는 바이오다이나믹 농법을 도입해 와인의 품질을 더 높이면서 마니아가 늘어나, 더더욱 손에 넣기 어려운 와인이 되었다.

스페인

우니코 베가 시실리아

# UNICO VEGA SICILIA

참고가격

약 50만 원

주요사용품종

템프라니요, 카베르네 소비뇽

GOOD VINTAGE

1962, 64, 65, 66, 67, 70, 75, 81, 82, 87, 90, 91, 94, 95, 96, 98, 2002, 04, 05, 06, 08, 09

OTHER WINE

발부에나 싱코 아뇨스

## VALBUENA 5ANO

약 18만 원

베가 시실리아의 스탠더드 와인. 「싱코 아뇨스=5년」에서 알 수 있듯이 5년의 숙성기간을 거쳐 출하된다. 한국에서는 주로 「발부에나 넘버 5」라고 부른다.

## 최소 10년은 숙성시키는 스페인의 대표작

「베가 시실리아」는 1929년 바르셀로나 세계박람회에서 금상을 수상하며 단번에 스페인을 대표하는 와이너리로 부상했다. **스페인의 대표적인 품종 템프라니요에 보르도 품종인 카베르네 소비뇽, 메를로, 말벡을 사용한 독자적인 블렌딩**이 특징인 와이너리이다.

그중에서도 「우니코」는 베가 시실리아의 대표작이며, 베가 시실리아를 스페인을 대표하는 와이너리로 자리매김하게 한 와인이기도 하다.

우니코는 빈티지에 따라 블렌딩 비율이 달라지며, 양조 방법도 포도의 성질에 따라 유연하게 대응한다. 프랑스산 오크통과 미국산 오크통, 새 오크통과 헌 오크통, 크기가 다른 오크통 등 숙성기간 동안 다양한 오크통에 여러 차례 옮겨 넣는다. 그렇게 함으로써 순하면서도 복잡함이 증가한 와인이 완성된다. 이렇게 **오크통에서 7년 동안 숙성시킨 뒤, 다시 병 속에서 3년 이상 숙성시켜 출하**한다.

전설처럼 전해지는 **1964년산**은 약 12년의 숙성기간을 거쳐 출하되었는데 2년 동안은 커다란 오크통에서 숙성시키고, 그 뒤에는 조금 작은 오크통으로 옮겨서 2년, 마지막에는 오래된 오크통에서 7년 동안 숙성시킨 뒤, 병입 후에도 계속 숙성시켜 1976년에 마침내 시장에 등장했다.

내가 크리스티스에서 일할 때 상사였고, 와인계의 주요 인물이기도 한 마이클 브로드벤트(Michael Broadbent)는 이 64년산을 해마다 시음하고 그 변화를 자세히 기록했다. 12년 동안 숙성을 했지만 출하 당시에는 여전히 타닌이 강했던 듯한데, 「해를 거듭할수록 봉오리가 조금씩 벌어져 머지 않아 아름다운 꽃이 활짝 필 것이다」라고 말했다.

64년산은 출하 당시에는 2만 원 정도였으나 경매에서 최고낙찰가는 1병당 약 1,800달러(약 2백만 원)를 기록했다.

알마비바

# ALMAVIVA

참고가격

약 19만 원

주요사용품종

카베르네 소비뇽,
카르메네르(Carmenère),
카베르네 프랑, 프티 베르도

GOOD VINTAGE

1997, 2002, 05, 07, 11,
12, 13, 14, 15, 16

SECOND WINE

에푸

## EPU

약 10만 원

EPU는 칠레와 아르헨티나에 사는 원주민 마푸체족의 언어로 「세컨드」를 의미한다.

## 대성공을 거둔
## 칠레 × 프랑스의 합작 벤처

칠레 와인의 상징 「알마비바」는 1996년에 보르도의 1등급 샤토인 「무통 로쉴드」와 칠레 최대의 와이너리 「콘차 이 토로(Concha y Toro)」의 합작 벤처로 탄생했다.

무통은 캘리포니아에서 대성공을 거둔 오퍼스 원에 이어 칠레에서도 올드 월드와 뉴 월드를 연결하는 와인을 만들어낸 것이다. **「칠레의 오퍼스 원」**이라고도 할 수 있는 알마비바는 데뷔 전부터 많은 기대를 모으며 화제에 올랐다.

알마비바의 양조는 보르도 품종에 대해 잘 아는 무통의 양조팀이 담당했고, 데뷔 빈티지인 1996년산은 각 방면에서 높은 평가를 받으며 화려하게 데뷔했다.

2017년에는 저명한 평론가 제임스 서클링이 주관하는 **「Top 100 of the year」에서 2015년산 알마비바가 100점을 획득하고 보기 좋게 1위로 선정되었다.** 이는 17,000종의 와인을 블라인드 테이스팅한 결과 중 최고이며, 이로 인해 알마비바는 더욱 주목을 받았다.

참고로 알마비바라는 이름은 프랑스의 극작가 보마르셰가 쓴 「피가로의 결혼」에 나오는 백작의 이름에서 유래했다.

라벨에 그려진 붉은 동그라미 심벌은 칠레의 원주민 마푸체족이 예로부터 의식에 사용한 악기인 북을 디자인한 것으로, 칠레 역사에 경의를 표하는 의미이다.

남아프리카공화국

빌라폰테 시리즈 M

# VILAFONTÉ SERIES M

참고가격

약 7만 원

주요사용품종

메를로, 말벡,
카베르네 소비뇽

GOOD VINTAGE

2007, 09, 11, 13, 14

## 남아프리카의 고급와인 시장을 개척한 새로운 스타

남아프리카는 포도 재배에 적합한 테루아를 가진 땅으로 오래전부터 관심을 모았다. 17세기에 와인 양조를 시작해 서서히 생산량을 늘린 결과, 지금은 와인 생산량에서 **세계 8위**를 차지하고 있다(2015년 기준).

하지만 남아프리카 와인은「광대한 토지와 저렴한 인건비에 의한 저가 와인」이라는 이미지가 강했고, 고급와인과는 거리가 먼 생산지로 오랫동안 존재감이 없었던 것도 사실이다.

그러나 최근에는 남아프리카에서도 고급와인 시장이 형성되고 있으며, 그 발단이 된 와인이「빌라폰테」이다.

2018년에 크리스티스 홍콩 경매에 출품된「빌라폰테 시리즈 M」의 2007년산 6병들이가 낙찰예상가 3,000홍콩달러(약 40만 원)를 훨씬 웃도는 13,475홍콩달러(약 200만 원)에 낙찰되었다. **남아프리카발 고급와인의 탄생** 소식은 순식간에 전 세계로 퍼져나갔다.

빌라폰테는 1996년 남아프리카와 미국의 합작 벤처에 의해 탄생한 와이너리이다. 유명 와인 전문지에서「세계 Top 30 양조가」로 선정되기도 한 미국인 여성 양조가, 그리고 오퍼스 원의 재배 책임자 등을 스태프로 초빙해, 남아프리카에서 본격적인 와인 양조를 시작했다.

빌라폰테의 밭은 메를로와 말벡 등 보르도 품종에 적합한 테루아이고, 특수한 자갈과 점토질 토양이어서 포도나무가 토양 깊숙이 뿌리내린다. 따라서 깊은 땅속에서 많은 영양분을 흡수하며, 그 때문에 **보르도에는 없는 폭신하고 리치한 아로마를 자아내는, 남아프리카의 특징을 표현한 와인이 탄생한다**고 평가된다.

아오윤

# AO YUN

참고가격

약 33만 원

주요사용품종

카베르네 소비뇽,
카베르네 프랑

GOOD VINTAGE

2013

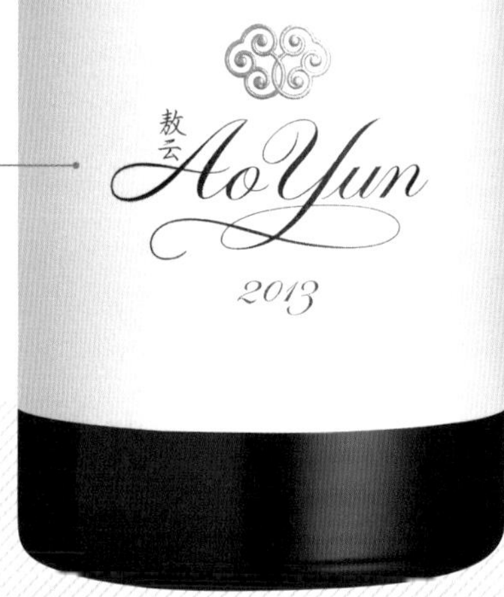


아오윤은 「하늘을 난다」는 뜻이다. 현재는 한 해에 2,000케이스가 생산된다.

## 뭐, 중국산 와인!?
## 표고 2,000m 이상에서 만들어지는 고급와인

2006년 무렵, 루이비통 그룹의 모엣 헤네시사가 중국 히말라야의 구릉지에서 보르도 스타일의 레드와인에 적합한 땅을 찾고 있다는 소문이 돌았다.

그러나 중국은 고급와인의 시장이긴 해도 와인을 양조하기에는 적합하지 않다는 생각이 대부분이어서, 아무도 그 뉴스를 곧이곧대로 받아들이지 않았다. 그런데 2012년, 모엣 헤네시사가 「**히말라야에서 이상향을 발견했다**」고 발표한 것이다.

윈난성의 깊은 산속에 위치한 4개의 마을에서 발견한 포도 재배에 적합한 땅은 **표고 2,200~2,600m의 고지대에 있는데**, 그곳에서 중국 최초의 고급와인인 「아오윤」의 양조가 시작되었다. 2012년에 이미 카베르네 소비뇽을 심었는데, 밭이 고지대에 있어서 산소마스크를 착용하고 포도나무를 손질하거나 수확할 때도 있다고 한다.

아오윤의 책임자로 발탁된 사람은 보르도 2등급 샤토 코스 데스투르넬(Cos d'Estournel)의 프라츠(Prats)였다.

아오윤의 밭은 히말라야 산맥의 그림자 때문에 매일 4시간밖에 직사광선을 받지 못해, 보르도에서는 120일이면 포도가 숙성하는 데 비해 아오윤에서는 160일이나 걸린다. 프라츠는 이를 「약불로 천천히 조리해 감칠맛을 끌어내는 요리와 비슷하다」고 표현했다. 실제로 **필요 이상의 자외선을 받지 않고 천천히 익어감으로써 부드러운 타닌이 형성된다**고 한다.

이렇게 특수한 환경에서 자란 아오윤은 유일무이한 중국산 고급와인으로, 지금은 중국뿐 아니라 미국 시장에서도 많은 인기를 얻고 있다.

롱다이

# LONG DAI

참고가격

약 61 만 원

주요사용품종

카베르네 소비뇽,
마르슬랑(Marselan),
카베르네 프랑

책임자는 아오윤 설립에도 관여한 샤토 코스 데스투르넬에서 양조를 맡았던 프라츠이다. 2009년부터 토양 조사를 시작해 400곳 이상의 토양을 체크하고 포도 재배에 최적인 장소를 찾은 결과, 400㏊에 이르는 광대한 토지를 구입했다.

## 프랑스의 일류 샤토가
## 중국에서 만들어낸 신성한 와인

아오윤의 탄생으로 달아오른 중국의 고급와인 시장에서 2019년, 새로운 고급와인 발표 소식이 날아들었다. 그 이름은 「롱다이(Long Dai)」. 메도크 1등급인 **샤토 라피트 로쉴드가 새롭게 중국 북동부 산둥성 추산(秋山) 계곡의 기슭에서 만들어낸 와인**이다.

「롱다이」라는 이름은 산둥성의 신성한 산에서 영감을 받아 붙인 것으로, 「자연과의 균형을 최대한 이끌어낸다」라는 뜻을 담았다.

미디어에서는 「드디어 LVMH 아오윤 vs 라피트 롱다이의 대결이 시작되었다」라고 떠들었다.

그런데 두 와인의 판매 전략은 대조적이다. 아오윤은 생산량의 2/3를 해외에 수출하지만, **롱다이는 중국 시장을 겨냥한 판매 전략을 택했다.** 중국에서 1,700~1,800케이스, 해외에서 200케이스 판매를 기대하고 있다.

첫 빈티지인 2017년산은 2018년에 출하 예정이었으나, 와인의 타닌을 보다 우아하고 섬세하게 완성하기 위해 2019년 후반에 출시되었다.

또한 해외에서 역수입될 수도 있으므로 위조 방지 대책도 철저하게 준비했다고 발표했는데, 첫 빈티지부터 NFC(근거리무선통신) 추적 기술을 탑재해 스마트폰으로 와인병을 스캔하면 와인의 진위를 확인할 수 있다. 그 외에도 특수 라벨과 시리얼 넘버를 도입하는 등 만반의 태세를 갖췄다.

# EPILOGUE

2018년『교양으로서의 와인』을 출간한 뒤, 덕분에 많은 사람들로부터「책을 읽고 와인에 흥미가 생겼다」,「와인에 대한 지식을 좀 더 알고 싶다」는 반가운 이야기를 들었다.

지금까지 와인에 흥미가 없었거나 익숙하지 않았던 사람들도 와인 책에 관심을 보였다는 사실은, 와인업계에서 일하는 사람으로서 무엇보다 기쁜 일이었다.

그중에는「와인을 마시니 오감이 예민해져서 비즈니스 아이디어가 떠올랐다」는 사람도 있었다. 확실히 와인은 인간의 감각(시각 · 후각 · 미각)을 최대한 활용하여 맛보는 음료이기에, 평소에는 그다지 의식하지 못한 채 사용하던 감각이 살아나 여러 가지 아이디어가 떠오르게 되는지도 모른다.

사실 해외에서는 일반 명상이나 마인드풀니스(mindfulness)에 와인을 이용하는 워크숍도 인기를 끌고 있다고 하는데, 나 자신도 와인이 지닌 다양한 측면을 새삼 깨닫게 되었다.

이 책에서는 전작보다 더 깊이 있는 내용을 이야기했다. 와인의 기초지식뿐 아니라 와인을 좀 더 즐기기 위해 알아야 하는 개별 브랜드 가운데 특히「고급와인=일류와인」을 소개했다.

내가 와인 업계에 발을 들여놓고 처음 들어간 직장이 뉴욕의 옥션회사였는데, 그곳은 그야말로「고급와인」만 다루었고 그곳에서

나는 와인 스페셜리스트로 일했다. 「와인 스페셜리스트」는 경매에 출품된 와인의 예상 낙찰가, 즉 가격을 정하는 일이 주된 업무이다.

5대 샤토의 특징조차 막연하게 아는 상태에서 일하기 시작한 나는, 그 뒤로 약 10여 년 동안 수많은 「고급와인」을 리서치하고 시음했다. 이 책은 그렇게 그곳에서 몸에 익힌 지식과 경험을 남김없이 담은 책이다.

와인은 포도로 만드는 단순한 음료이지만, 예전부터 많은 사람들이 그 마력에 홀려서 거금을 지불했다. 현재는 투자 목적이나 재산으로 와인을 수집하기 위해 전 세계 와인 마니아들이 동분서주하고 있다. 「고급와인」에는 어느 시대든 사람들의 이성을 잃게 할 정도로 매력이 있는 것이다.

나 역시 고급와인에 반해 와인의 길을 걸어온 사람으로서, 또한 오랜 기간 고급와인의 가격을 정해온 사람으로서, 이 책을 출간하게 된 것을 영광으로 생각한다.

마지막으로 이번에도 책의 출간을 위해 아름다운 사진을 제공해준 옥션회사 「Zachys(자키)」와 「Sotheby's(소더비)」에 감사를 표한다.

*I would like to thank Zachys HK and NY teams and Sotheby's in NY for providing beautiful photos. I appreciate your cooperation.*

그리고 다카무라 와인하우스의 마쓰 마코토 사장님을 비롯한 스태프 일동에게도 많은 사진을 제공해주셔서 감사하다는 말씀을 드린다. 항상 협력해주셔서 감사한 마음이다.

또한 흔쾌히 사진을 제공해준 각 도멘과 일본 수입판매원의 모든 분께도 깊이 감사드린다. 다카이 게이코 씨에게도 항상 많은 도움을 받아 감사하다.

아울러 이번에도 편집을 담당한 하타시모 유키 씨에게 마음 깊이 감사를 전한다. 하타시모 씨의 감성과 조언으로 이 책이 완성되었다. 전작의 광고와 홍보를 담당한 가토 기에 씨에게도 감사인사를 전하고 싶다. 가토 씨가 최선을 다해준 덕분에 『교양으로서의 와인』이 많은 독자분들께 전해질 수 있었다.

와타나베 준코

INDEX

## ㄱ, ㄴ, ㄷ


No.9 이스테이트 Ix Estate ………… 206
가야 앤 레이 Gaia & Rey ………… 173
그랑 에셰조 도멘 드 라 로마네 콩티 Grands Échézeaux Domaine de la Romanée-Conti 27
그랜지 펜폴즈 Grange Penfolds ………… 226
나파누크 Napanook ………… 214
뉘 생 조르주 앙리 자이에 Nuits-Saint-Georges Henri Jayer ………… 31
다르마지 가야 Darmagi Gaja ………… 170
더 메이든 The Maiden ………… 202
도미너스 Dominus ………… 214
도미니오 데 핑구스 Dominio de Pingus ………… 232
돔 페리뇽 빈티지 Dom Pérignon Vintage ………… 139
돔 페리뇽 P2 빈티지 Dom Pérignon P2 Vintage ………… 139
돔 페리뇽 P3 빈티지 Dom Pérignon P3 Vintage ………… 138


## ㄹ


라 크루아 드 보카유 La Croix de Beaucaillou ………… 90
라 타쉬 도멘 드 라 로마네 콩티 La Tâche Domaine de la Romanée-Conti ………… 27
레 포르 드 라투르 Les Forts de Latour ………… 67
레디가피 투아 리타 Redigaffi Tua Rita ………… 192
로마네 생 비방 도멘 드 라 로마네 콩티 Romanée-St Vivant Domaine de la Romanée-Conti 27
로마네 생 비방 도멘 르루아 Romanée-St-Vivant Domaine Leroy ………… 35
로마네 콩티 도멘 드 라 로마네 콩티 Romanée-Conti Domaine de la Romanée-Conti 24
롱다이 Long Dai ………… 242
루이 로드레 크리스탈 Louis Roederer Cristal ………… 146
르 메도크 드 코스 Le Médoc de Cos ………… 82
르 클라랑스 드 오 브리옹 Le Clarence de Haut-Brion ………… 71
르 팽 Le Pin ………… 118
르 프티 무통 드 무통 로쉴드 Le Petit Mouton de Mouton Rothschild ………… 75
르 프티 슈발 Le Petit Cheval ………… 128
리쉬부르 도멘 드 라 로마네 콩티 Richebourg Domaine de la Romanée-Conti ………… 27
리쉬부르 도멘 르루아 Richebourg Domaine Leroy ………… 35
리쉬부르 앙리 자이에 Richebourg Henri Jayer ………… 31

ㅁ


마세토 Masseto ········· 180
마야 Maya ········· 208
마지 샹베르탱 도멘 도브네 Mazis-Chambertin Domaine d'Auvenay ········· 36
마콩 베르제 도멘 르플레브 Mâcon-Verzé Domaine Leflaive ········· 40
매트리악 Matriarch ········· 204
몽라셰 도멘 데 콩트 라퐁 Montrachet Domaine des Comtes Lafon ········· 44
몽라셰 도멘 르플레브 Montrachet Domaine Leflaive ········· 38
몽라셰 도멘 드 라 로마네 콩티 Montrachet Domaine de la Romanée-Conti ········· 27
뫼르소 도멘 데 콩트 라퐁 Meursault Domaine des Comtes Lafon ········· 44
뮈지니 도멘 르루아 Musigny Domaine Leroy ········· 32


ㅂ


바롤로 팔레토 브루노 지아코사 Barolo Falletto Bruno Giacosa ········· 174
바르바레스코 가야 Barbaresco Gaja ········· 173
바타르 몽라셰 도멘 르플레브 Batard-Montrachet Domaine Leflaive ········· 41
발부에나 싱코 아뇨스 Valbuena 5Ano ········· 234
본 로마네 크로 파랑투 앙리 자이에 Vosne-Romanée Cros-Parantoux Henri Jayer ········· 28
본 로마네 크로 파랑투 에마뉘엘 루제 Vosne-Romanée Cros Parantoux Emmanuel Rouget ········· 31
본드 멜버리 Bond Melbury ········· 204
브라이언트 패밀리 빈야드 Bryant Family Vineyard ········· 216
브루넬로 디 몬탈치노 리제르바 비온디 산티 Brunello di Montalcino Riserva Biondi-Santi1 ········· 186
브루넬로 디 몬탈치노 테누타 누오바 카사노바 디 네리 Brunello di Montalcino Tenuta Nuova Casanova di Neri ········· 188
비앵브뉘 바타르 몽라셰 도멘 르플레브 Bienvenues Batard-Montrachet Domaine Leflaiv ········· 41
비유 샤토 세르탕 Vieux Château Certan ········· 122
빌라폰테 시리즈 M Vilafonté Series M ········· 238


ㅅ


사시카이아 Sassicaia ········· 176

살롱 블랑 드 블랑 Salon Blanc de Blancs ········ 148
샤토 그뤼오 라로즈 Château Gruaud Larose ········ 88
샤토 뒤아르 밀롱 Château Duhart-Milon ········ 96
샤토 뒤크뤼 보카유 Château Ducru-Beaucaillou ········ 90
샤토 드 보카스텔 오마주 아 자크 페렝 Château de Beaucastel Hommage a Jacques Perrin ········ 162
샤토 디켐 Château d'Yquem ········ 108
샤토 라 미숑 오 브리옹 Château la Mission Haut Brion ········ 104
샤토 라 미숑 오 브리옹 블랑 Ch. la Mission Haut Brion Blanc ········ 105
샤토 라야스 Château Rayas ········ 164
샤토 라야스 샤토뇌프 뒤 파프 블랑 Château Rayas Chateauneuf-Du-Pape Blanc ········ 164
샤토 라투르 Château Latour ········ 64
샤토 라플뢰르 Château Lafleur ········ 120
샤토 라피트 로쉴드 Château Lafite Rothschild ········ 56
샤토 랭슈 바주 Château Lynch Bages ········ 98
샤토 레글리즈 클리네 Château l'Eglise-Clinet ········ 124
샤토 레오빌 라스 카즈 Château Léoville Las Cases ········ 85
샤토 레오빌 바르통 Château Léoville Barton ········ 84
샤토 레오빌 푸아페레 Château Léoville Poyferré ········ 85
샤토 마고 Château Margaux ········ 60
샤토 몬텔레나 샤르도네 Château Montelena Chardonnay ········ 218
샤토 몬텔레나 카베르네 소비뇽 Château Montelena Cabernet Sauvignon ········ 218
샤토 무통 로쉴드 Château Mouton Rothschild ········ 72
샤토 베슈벨 Château Beychevelle ········ 92
샤토 슈발 블랑 Château Cheval Blanc ········ 128
샤토 스미스 오 라피트 Château Smith Haut Lafitte ········ 106
샤토 스미스 오 라피트 블랑 Ch. Smith Haut Lafitte Blanc ········ 107
샤토 앙젤뤼스 Château Angelus ········ 130
샤토 오 브리옹 Château Haut-Brion ········ 68
샤토 오 브리옹 블랑 Ch. Haut Brion Blanc ········ 70
샤토 오존 Château Ausone ········ 126
샤토 칼롱 세귀르 Château Calon-Ségur ········ 80
샤토 코스 데스투르넬 Château Cos d'Estournel ········ 82
샤토 파비 Château Pavie ········ 132

샤토 파프 클레망 Château Pape Clément ········· 102
샤토 팔머 Château Palmer ········· 100
샤토 피숑 롱그빌 바롱 Château Pichon-Longueville Baron ········· 94
샤토 피숑 롱그빌 콩테스 드 랄랑드 Château Pichon-Longueville Comtesse de Lalande 94
샹베르탱 도멘 르루아 Chambertin Domaine Leroy ········· 35
세컨드 플라이트 Second Flight ········· 200
소리 산 로렌초 가야 Sori San Lorenzo Gaja ········· 173
소리 틸딘 가야 Sori Tildin Gaja ········· 173
솔데라 카제 바세 Soldera Case Basse ········· 190
솔라이아 Solaia ········· 184
슈레더 셀러스 벡스토퍼 투 칼론 빈야드 CCS
Schrader Cellars Beckstoffer To Kalon Vyd CCS ········· 210
슈발리에 몽라셰 도멘 르플레브 Chevalier-Montrachet Domaine Leflaive ········· 41
스크리밍 이글 Screaming Eagle ········· 200
스페르스 가야 Sperss Gaja ········· 173
시네 쿠아 논 퀸 오브 스페이드 Sine Qua Non Queen of Spades ········· 222

## ㅇ

아오윤 Ao Yun ········· 240
알 더블유 티 Rwt ········· 226
알마비바 Almaviva ········· 236
에르미타주 라 샤펠 폴 자불레 에네 Hermitage la Chapelle Paul Jaboulet Aîné ········· 160
에세조 도멘 드 라 로마네 콩티 Échézeaux Domaine de la Romanée-Conti ········· 27
에코 드 랭슈 바주 Echo de Lynch Bages ········· 98
에푸 Epu ········· 236
오르넬라이아 Ornellaia ········· 178
오버추어 Overture ········· 198
오퍼스 원 Opus One ········· 198
올드 스파키 Old Sparky ········· 210
우니코 베가 시실리아 Unico Vega Sicilia ········· 234
이그렉 Ygrec ········· 111

## ㅊ, ㅋ

체레탈토 카사노바 디 네리 Cerretalto Casanova di Neri ········· 188

카니발 오브 러브 몰리두커 Carnival of Love Mollydooker ········ 230
카뤼아드 드 라피트 Carruades de Lafite ········ 59
카마르칸다 가야 Ca'Marcanda Gaja ········ 173
캐리아드 Cariad ········ 206
케이머스 빈야드 스페셜 셀렉션 Caymus Vineyards Special Selection ········ 212
케이머스 빈야드 카베르네 소비뇽 Caymus Vineyards Cabernet Sauvignon ········ 213
코르통 도멘 드 라 로마네 콩티 Corton Domaine de la Romanée-Conti ········ 27
코르통 샤를마뉴 코셰 뒤리 J.F Corton-Charlemagne Coche-Dury J.F. ········ 42
코스타 루시 가야 Costa Russi Gaja ········ 173
코트 로티 라 랑돈 이기갈 Côte Rôtie la Landonne E.Guigal ········ 157
코트 로티 라 물린 이기갈 Côte Rôtie la Mouline E.Guigal ········ 156
코트 로티 라 튀르크 이기갈 Côte Rôtie la Turque E.Guigal ········ 157
콘테이사 가야 Conteisa Gaja ········ 173
콜긴 허브 램 빈야드 Colgin Herb Lamb Vineyard ········ 206
크뤼그 그랑 퀴베 Krug Grande Cuvée ········ 142
크뤼그 클로 당보네 Krug Clos d'Ambonnay ········ 143
크뤼그 클로 뒤 메닐 Krug Clos du Mesnil ········ 142
크리스 링랜드 쉬라즈 드라이 그로운 바로사 레인지스
Chris Ringland Shiraz Dry Grown Barossa Ranges ········ 228
클로 드 라 로슈 비에유 비뉴 도멘 퐁소 Clos de la Roche V.V. Domaine Ponsot ········ 46
클로 생 드니 도멘 퐁소 Clos Saint Denis Domaine Ponsot ········ 48
키슬러 빈야드 퀴베 캐서린(레드) Kistler Vineyards Cuvee Catherine ········ 220
키슬러 빈야드 퀴베 캐서린(화이트) Kistler Vineyards Cuvee Cathleen ········ 220

## ㅌ, ㅍ, ㅎ

티냐넬로 Tignanello ········ 182
티츠슨 힐 Tychson Hill ········ 206
파비용 루주 뒤 샤토 마고 Pavillon Rouge du Ch. Margaux ········ 63
페트뤼스 Petrus ········ 116
포이약 드 라투르 Pauillac de Latour ········ 67
폴 로저 서 윈스턴 처칠 Pol Roger Sir Winston Churchill ········ 150
플로르 데 핑구스 Flor de Pingus ········ 232
할란 이스테이트 Harlan Estate ········ 202

## 사진 제공

**Zachys**

p.24, 27, 28, 31, 32, 35, 36, 38, 41, 42, 44(왼쪽 아래), 46, 48, 56, 60, 64, 68, 70, 72, 80, 82(메인), 88, 90(메인), 92, 94, 96, 98(메인), 100, 104, 105, 108, 111, 116, 118, 120, 122, 124, 126, 128(메인), 130, 132, 138, 139, 142(메인), 143, 146, 148, 150, 156, 160, 162, 164(메인), 170, 173(카마르칸다, 가야 앤 레이 제외), 174, 176, 180, 186, 190, 198(메인), 200(메인), 202(메인), 206, 210, 212, 214(메인), 216, 218(왼쪽 아래), 222, 226(메인), 234(메인)

**Sotheby's**

p.59, 67(위), 75, 107, 128(왼쪽 아래), 142(왼쪽 아래), 173(카마르칸다), 178, 234(왼쪽 아래), 240

**Takamura Wine House**

p.40, 63, 67(아래), 71, 164(왼쪽 아래), 173(가야 앤 레이), 179, 198(왼쪽 아래), 200(왼쪽 아래), 202(왼쪽 아래), 213, 214(왼쪽 아래), 220(왼쪽 아래), 232(왼쪽 아래), 236

**Luc Corporation**

p.85, 157

**Sapporo Breweries Ltd.**

p.226(왼쪽 아래)

**각 도멘에서 직접 제공**

p.82(왼쪽 아래), 84, 90(왼쪽 아래), 98(왼쪽 아래), 102, 106, 182, 184, 188, 192, 204, 208, 218(메인), 228, 230, 232(메인), 238, 242

**와타나베 준코 WATANABE JUNKO 지음**

프리미엄 와인 주식회사 대표이사. 1990년대에 미국으로 건너가 1병의 프리미엄 와인과의 만남을 계기로 와인 세계에 발을 내딛었다. 프랑스에서 와인 유학 후 2001년 대형 옥션회사「크리스티스」의 와인 부문에 입사해, 뉴욕 크리스티스에서 아시아인 최초로 와인 스페셜리스트로 활약했다. 옥션에 참가하는 세계적인 부호와 경영자에게 와인을 소개하는 가이드 역할을 했으며, 일류 비즈니스맨을 대상으로 와인을 지도했다.

2009년 크리스티스를 퇴사하고 지금은 일본에서 프리미엄 와인 주식회사 대표로 서양의 와인경매문화를 일본에 널리 알리면서, 아시아 지역의 부유층과 변호사를 대상으로 와인 세미나도 열고 있다. 2016년에는 뉴욕과 홍콩을 거점으로 하는 오래된 와인옥션회사 자키(Zachys)의 일본 대표로 취임해서, 일본에서 와인위성경매를 개최하고 와인경매를 위한 출품·입찰과 고급와인 컨설팅 서비스를 하고 있다. 저서로『세계의 비즈니스 엘리트가 알아야 할 교양으로서의 와인』등이 있다.

**강수연 옮김**

이화여대 신문방송학과를 졸업한 뒤 십여 년간 뉴스를 취재하고 편집했다. 6년간 일본 도쿄에 거주했으며, 바른번역 소속 번역가로 원작의 결을 살려 옮기는 번역 작업에 정성을 다하고 있다.『세계의 비즈니스 엘리트가 알아야 할 교양으로서의 와인』,『가르치는 힘』,『힘 있게 살고 후회 없이 떠난다』,『좋아하는 일만 하며 재미있게 살 순 없을까?』,『아이 셋 워킹맘의 간결한 살림법』,『최강의 야채 수프』,『제로 다이어트』,『세상 쉬운 영어회화』등을 기획, 번역했다.

# 고급와인

펴 낸 이 유재영
펴 낸 곳 그린쿡
지 은 이 와타나베 준코
옮 긴 이 강수연
기 획 이화진
편 집 박선희
디 자 인 임수미

1 판 1 쇄 2021년 3월 10일
1 판 2 쇄 2023년 4월 30일

출판등록 1987년 11월 27일 제10 149
주 소 04083 서울 마포구 토정로 53(합정동)
전 화 02-324-6130, 324-6131
팩 스 02-324-6135
E - 메일 dhsbook@hanmail.net
홈페이지 www.donghaksa.co.kr/www.green-home.co.kr
페이스북 www.facebook.com/greenhomecook
인스타그램 www.instagram.com/__greencook

ISBN 978-89-7190- 773-3 13590

• 이 책은 실로 꿰맨 사철제본으로 튼튼합니다.
• 잘못된 책은 구매처에서 교환하시고, 출판사 교환이 필요할 경우에는
사유를 적어 도서와 함께 위의 주소로 보내주세요.